U0863759

绿指环生活书系·

庭院屋顶种花与景观设计

珍藏版

PLANTING IN THE GARDEN & HOUSETOP

/《花草游戏》编辑部 编
/ 陈坤灿 审

海峡出版发行集团 THE STRAITS PUBLISHING & DISTRIBUTING GROUP | 福建科学技术出版社 FUJIAN SCIENCE & TECHNOLOGY PUBLISHING HOUSE

目录

庭院花园篇

第一章　庭院花园案例

庭院花园篇

第二章　打造花园实作问与答

A 庭院花园基本知识

光照条件与植物选择

空间配置与功能需求

庭院花园篇
第二章　打造花园实作问与答

花园风格营造

B 实务过程

基础栽培

庭院花园篇

第二章　打造花园实作问与答

盆栽栽种

庭院花园篇
第二章 打造花园实作问与答

露地栽种

草皮铺设

庭院花园篇

第二章　打造花园实作问与答

资材运用

地板铺面

庭院花园篇

第二章 打造花园实作问与答

屋顶花园篇

第三章　屋顶花园案例

屋顶花园篇

第四章　打造花园实作问与答

A 屋顶花园基本知识

光照条件与植物选择

防风、防漏及承载

屋顶花园篇

第四章 打造花园实作问与答

B 实务过程

基础栽培

屋顶花园篇

第四章　打造花园实作问与答

盆栽栽种

覆土栽种

屋顶花园篇
第四章 打造花园实作问与答

资材运用

屋顶花园篇

第四章 打造花园实作**问与答**

地板铺面

排水防漏设施

屋顶花园篇

第四章　打造花园实作问与答

garden

庭院花园篇

第一章
庭院花园案例

案例
01

宛如森林的生态庭园

资料

花园类型／露地栽种为主，少量盆栽栽种

面积／115.5㎡

楼层／1楼

座向／东向

主要植物／草花、水生植物、乔木

设计者／竹轩园景观工程设计有限公司·林昌庆

清早，当树鹊正啄食木墙上的状元红果实，豆娘成双成对低飞过水面，白头翁在树上吱喳之时，罗先生也自在穿梭于庭院，罗太太则为楼上阳台的盆栽浇水，人和动植物和谐共处的情景，让人仿如生活在山林中的木屋，而忘了置身于都市巷弄中。

望着眼前这座宛若森林的庭院，罗先生清晰记得6年前与景观设计师沟通、南北奔波挑选喜爱的树种、循环水池的设计细节等等。随着时光的流逝，植物生长成形，有样有貌的花园，陪伴他们度过丛花盛开的春季、树影婆娑的夏季、幽香转色的秋季与落叶满地的冬季，每走过一次四季的周期，就再度感受到真实的生命。

花园，对他们而言，不是偶尔用以透气的户外空间，而是融入一家人生活的重要场所。

宽阔的庭院里，设计的一处休憩高台，隐身在茂盛的柚子树下。

周边的高耸树木，仿佛让房屋隐于幽静的山中。

擅长花艺的罗太太，将花园的枝叶修剪整理一番，成为极具生活感的小品花艺。

白色的建筑物外墙，与满园的绿意映衬，显得格外富有朝气和活力。

创意聚焦01

梦幻玻璃温室花屋

在这个家，庭院的范围不太清楚，因为屋子外侧运用大片方格玻璃与木板，打造了一个三角状的温室空间，并纳入水池与植物，成为户外花园与室内用餐区的衔接区域。推开温室另一侧的玻璃门，木栈板不对称衔接成桥，桥下有锦鲤悠游，周边是竹筒树、山苏、姑婆芋等丛生成荫的热带植物，又是另一番光景。

三层楼高的温室，通过可打开的玻璃片，让空气对流。充足的日照让室内的黄椰子盆栽生长良好，潮湿的水池边则适合种植兰花、轮伞莎草、波士顿肾蕨等植物。抬头还能看到二、三楼小阳台的观叶盆栽，隐约露出的茂密枝叶，形成舒服的室内绿色空间。

三层楼高的玻璃房，处处都有植物点缀，形成简洁舒服的空间。

三角状的玻璃温室，让户外的景致和空气得以和室内互动。

当初就是想在餐桌底下看见鱼群游过，才有如今的玻璃屋设计。

创意聚焦02

流水绿意自然感

庭院中流水潺潺。最初为了要保持锦鲤池中的水质，而拉出长形循环水道。设计师利用萍蓬草、铜钱草、鸢尾、轮伞莎草等水生植物的根部净化水质，让水能够循环使用。没想到，在石榴、缅栀、紫薇等茂密树荫下洁净的流水，也滋生了丰富的浮游生物，极适合饲养观赏小鱼，还吸引了许多青蛙来此定居、产卵，鸟类也来觅食、洗澡。

盛况时，曾经出现青蛙数量太多的状况，导致夜晚蛙鸣声太吵，罗先生和太太一个晚上就抓了4~5只青蛙和10多只蟾蜍，到大学里放生才恢复清静，可见庭院生态的丰富。

栽种得宜的水生植物，可以帮助净化水质。

意外造就的生态链，为饲养锦鲤提供洁净的水。

庭院流水两旁都是茂密的植栽落叶，为植栽提供腐殖质。

创意聚焦03

迷上兰花新宠儿

在一次参观国际兰展之后，深深着迷于兰花的各式品种与栽种方式的罗先生，陆续购买蝴蝶兰、石斛兰、万代兰、豆兰、仙履兰等30多种兰花，细心养在自家的温室里与建筑物后方的遮阴处。

喜欢挑战的罗先生，舍弃买现成品，而从瓶苗开始分株栽种，自己绑蛇木屑或木片，帮石斛兰换新家……通过自己动手，了解到每年仅开花一次的兰花珍贵在何处，也学会了如何鉴赏兰花。

蛇木棒上的幼苗，都是从瓶苗中取出并固定的。

附生在枯木上的风兰，搭配沙质介质与陶盘，就成了高雅有意境的室内摆饰。

利用庭院中老旧的笔筒树树段，绑上石斛兰，开花时节就有花瀑可赏。

豆兰品种多，花色变化大，是罗先生的最爱。图为最小的豆兰品种，花开时还必须用放大镜才看得到！

案例 02

我家后院有沙漠花园

资料

花园类型 / 以露地栽种为主，少部分盆栽种植

面积 / 82.5㎡

座向 / 东、西向

主要植物 / 多肉、蔓性植物

设计者 / 竹轩园景观工程设计有限公司 · 林昌庆

随着午后日照的逐渐加强，廖太太家后院的多肉植物，也开始恣意享受舒适的日光浴。光秃、石堆、多刺的沙漠意象，在阳光的折射下，与周边邻居的草皮花园相比较，显得格外不同而有个性。

廖太太表示，以前住公寓就会在阳台种花，搬到有着前后院的住宅后，秉持着易照顾、少病虫害的原则，才和景观设计师讨论出以多肉植物、沙漠风情为庭院风格。配合着原有的山丘起伏地形，陆续栽种霸王鞭、龙舌兰、仙人掌等大型多肉植物，保留大量的留白空间，并巧妙运用木栈板、大小石头铺材等，穿插分布在植株之间，让品种各异的植物自然组合成有如沙漠园区的景致。

前院的部分因面积较小，设计师仅以小水池营造动感，丰富听觉，木平台边以少许石莲附枯木生长，让初上楼的人能在恬静中感受到一丝热闹的气息，也串联了前后院的多肉植物风格花园。

将原本的排水沟打造成长板凳，就成了可以坐在杨梅树下乘凉的休憩处。

前院花园空间较小，仅铺以草皮和木板，适时点缀重点植物。

配合花园起伏地形所栽种的仙人掌，很有沙漠苍凉的视觉效果。

创意聚焦 01

穿过花园的绿色之河

在花园规划时，廖太太曾经看过一张绿色河流的图画，心头一动，希望能利用植物的绿色表现出所见图画的样式。为了在沙漠风格中加入河流意象，设计师苦思许久，最终决定以大石块作为两侧河道，中间铺上不规则的碎石，密集栽种地被性的松叶锦天、万年松。绵密深浅不一的绿意有如河水，缓缓流经前院与大型多肉植物之间。在河道上铺的木栈板，仿佛成了抽象之木桥，成为花园里最具童趣的设计。

此外，设计师为了避免降雨积水影响多肉植物，覆土介质除了加入碎石帮助排水，更铺有无纺布，避免土壤积水使植株烂根。

河道间，偶尔穿插栽种的仙人球，有如水中浮石，意象有趣。

绿色河流从前院的草皮区，一路蜿蜒流向社区公园，是花园最特殊的设计。

以两排大石块作为河道，区别出草皮和碎石区。

利用具有地被性质的松叶锦天、万年松，营造出满地绿意。

创意聚焦02

多肉植物大观园

以多肉植物为主的花园，常有社区邻居因好奇而前来观赏，并询问植物名称，无形中也促使廖太太观察植物的生长变化。例如，询问度最高的龙舌兰，其叶形宽大带刺，与芦荟有几分相似，常让人混淆不清，最近，突然从叶丛中生出很高的花茎，结了数个花苞，让廖太太见到龙舌兰一生才开花一次的奇景。而夜晚才开花的仙人柱，花形、花色与花香均与昙花极相似。团扇仙人掌待花谢之后所结的红色浆果，颜色鲜艳小巧，也是栽种4~5年后才有的现象。这些都是长期近距离观察植物，才体会得到的生活乐趣。

仙人柱是营造沙漠风情的主要植物。

陆续结花序的龙舌兰，花茎已经生长到2层楼高，景观奇特。

创意聚焦03

蔓性植物做绿帘

面向西边的后院，虽然拥有多肉植物喜爱的充足日照，但也造成住宅后端温度较高及西晒的问题。对此，设计师运用棚架与窗台的零碎空间，栽植紫薇、使君子、蔓性薄荷等具攀附性质的植物，任枝叶自然往下生长、密布，形成天然的绿帘。茂密的枝叶攀附在外墙，也兼具了浪漫的情调。

绿帘底下沿着墙面的空间，也是太太的小小实验室。她利用盆栽栽种少许蔬菜、野花与香料植物，在自家后院就能享受有花有菜的惬意生活。

窗台前架设一拱形门廊，让使君子自然攀附生长，就成了颇具乡村风气息的造景。

住宅转角较为阴凉处，蔓性玫瑰默默开满了花朵，待人静赏。

从棚架蔓垂生长的使君子，比任何遮阳棚更具遮阳效果，在花期还能欣赏到紫红色的小碎花。

案例
03

热带风情洋溢的庭院花园

资料

花园类型 / 露地栽种为主

面积 / 59.4m²

座向 / 西向

主要植物 / 香草、多肉、木本、草花植物

设计者 / 竹轩园景观工程设计有限公司 · 林昌庆

还未进入挑高楼层的庭院，就可从一楼玄关、橱窗与道路花苔的茂密绿意，和二、三楼小阳台的盆栽，看出此户人家的爱花之情。循着缅栀的奔放姿态、百里香的阵阵香气，来到了楼上的花园。只见嫩黄色的松叶锦天与石板铺地、攀附在木框架成为门廊的飘香藤、草皮上的木板凳，展现出淡淡的南洋度假风情，沿着建筑物外围的L形空间蔓延……

花园完工至今2年多，如今可谓枝叶茂密，繁花盛开，更多了人在其中生活的面貌。曾旅居国外的屋主，习惯将花园融入生活。随手摆放的木摇椅是先生的专属，盛开的艳丽朱槿花是太太画笔下的主角，迷迭香是料理不可缺的香料。处处可“拈花惹草”的放松生活，让太太说出了“只爱花不爱钻石”的玩笑话，足见花园所带来的充实感。

花园入门的木框门架，是设计师为了遮挡对面电线杆而设计的。

粉红色缅栀和线条明朗的白水木，成为花园的主体焦点。

（左）将老旧的摇椅刷上白漆，就成了花园里最显眼的配件。

（右）从楼梯上来，一眼就能看到的石材步道，清爽简洁。

创意聚焦 01

几何设计解决畸零地

整体来看，建筑物位于社区边角处，具有空间不规则、风大的先天缺点，特别是侧边空间因为建筑物的棱角，多出大小不一的畸零地。面对格局不方正的空间，景观设计师以两个三角形水槽，加上三角形草地，将空间切割出一块完整的长形平台，再铺上木板，安置大盆栽，使其成为屋主的主要活动区域。不规则处则以露地栽种的植物，化解原先格局的缺陷。

针对风大的问题，设计师选用落叶类和生长高度有限的树种，减少屋主因天然环境必须频加维护管理的困扰。

刻意打造锈色的水槽，使其自然融入大地色系的花园。

利用三角几何形状的排列组合切割出方正的木平台，供屋主使用。

串联两个水槽间的水道，种满了秀气直挺的木贼。

创意聚焦02

巧妙运用车库中空地

从玄关走上来，顺着花园动线参观，会先经过以石板和碎石铺材为主的区域。浅薄的覆土仅栽种了松叶锦天和松叶牡丹等地被植物，搭配上栏杆前种满随意草的花台，形成清爽简洁的引导走道。

这样的安排，除了设计上要求达到花园“起承转合”的目的外，最主要还是因为此区下方为车库，载重量有限，因此覆土较浅，采取这样变通设计兼顾了安全考量与设计风格。

因覆土浅，适合栽种根系浅、蔓性生长的植物，以增加绿意。

以石头铺材为主角，也能组合出别具风格的花园。

石板具有引导行人和作为步道的功能，是庭院常使用的素材。

创意聚焦03

闲置空间的花草装饰

面积不算大的花园，很难满足爱种花草的屋主的需求，因此设计师利用车库旁的橱窗空间，以一小段枯木挂置了猪笼草、鹿角蕨等绿叶植物，搭配屋主栽种的蔓性马缨丹，组合成热闹别致的花草小橱窗。

而在楼梯玄关的墙面上，设计师选用线条清楚的缅栀、如婆芋，软化僵硬的米石子墙，并以枯木订制框架，将石莲、山苏及鹿角蕨栽种其中。在阳光的斜照下，叶片影子随风在木架和墙面上摇曳，形成一幅动人的画面。

为了柔化墙面，设计师努力寻觅线条适合的姑婆芋。

楼梯前的空闲处种满了各色朱槿，花色缤纷显得热闹非凡。

纹路特殊的枯木，搭配上造型丰富的石莲，就成了墙面上最好的装饰。

创意聚焦04

挑选热情色系的植物

喜欢热情活泼气氛的屋主，偏好会开花且花色艳丽的植物，因此设计师选用朱槿、缅栀、马缨丹、日日春、九重葛、天使花、长穗木等观花植物，以密集栽种的方式，营造出热闹的花园景象，让屋主一年四季都有不同的花观赏。

此外，强调花园应保留人和植物对话空间的设计师，挑选完整的香杉木加上钢角椅座，放在花丛之间，让使用者在日常生活中就能轻易亲近自然，享受悠闲的居家生活。

花台前密集种植的随意草，春至秋季会陆续开满粉红色的花序，精致迷人。

坐在香杉木凳上吹着风，自在地欣赏枫树、朱槿和天使花，居家生活就该这么惬意。

除了草本开花植物，设计师也利用叶色会变化的植物如五彩千年木、枫树等，来增加花园色彩。

案例 04

经典的地中海风格花园

资料

花园类型 / 小面积露地栽种，搭配少许盆栽

面积 / 29.1㎡ **座向** / 西向

主要植物 / 九重葛、龙舌兰、多肉植物

设计者 / 大汉设计工程有限公司・徐世萃

想要打造一个地中海风格花园，首先需要了解究竟哪些是经典元素。典型的地中海环境，多阳光、少雨，夏季干热，冬季温暖多雨，还有蓝天碧海、沙滩等等，这样形成充满异国风情的地中海印象。灰岩、手刷白墙面、铁艺、陶砖、素烧陶盆及九重葛、龙舌兰、多肉植物等等，只要善用这些经典元素，就可以打造出最具地中海氛围的花园。

这是位于垦丁的饭店内的客房花园。景观设计师利用植物、花盆、配件将地中海印象转换在29.1㎡大的空间里。由客房的落地门走出，可以看见整个长方形小花园分为3个小区：一是末端的小区，有缅栀、变叶木、九重葛与一些盆栽；左侧是拼贴的墙面与贝壳砂小区；右侧则是休憩的小区，放置了休闲椅、白色小花架等。完全的地中海氛围，令人向往。

垦丁靠海，海边石头上常附生藤壶。藤壶是甲壳类，在花园中利用藤壶壳来装饰主题墙壁，饶富海岸趣味。

变叶木属于大戟科。叶型品种多，喜欢全日照、半日照及高温多湿，耐热，不耐阴，耐旱。适合阳台盆栽及庭园栽植。

九重葛盆栽底部，使用龙舌兰、多肉植物来营造地中海花园的氛围。龙舌兰原产于墨西哥，耐热、耐旱、耐贫瘠，容易栽种。

创意聚焦01

悠闲自在的小花园

29.1m^{2}的饭店客房花园，设计主题是最吸引人的地中海风格。地中海国家例如西班牙、希腊等国，是旅行者非常向往的度假胜地。地中海国家的环境，受到气候与地理环境影响，具有鲜明的特点。地中海拥有独特的建筑物、蓝天、海洋和植物。因此，景观设计师将花园分成三大区域：花架明镜区、露地大型植栽区和主题墙与贝壳砂区。并适时使用海洋周边的元素，融合了地中海的经典印象，让身临其境者自在地享受异国风情。

户外的SPA（水疗）浴池就在花园中，让人一边沐浴阳光，一边SPA，享受花园里浓浓的地中海氛围。

心叶球兰属于萝摩科，原产泰国、老挝，为常绿性木质藤本的多肉植物。心形革质叶片，生长缓慢，喜欢半日照，稍耐旱，湿度高生长快。注意培养土不可长期潮湿，略干再浇水。

蓝、绿色的玻璃珠以白水泥镶嵌在抿石子的墙壁上，拼出波浪纹图案，表现地中海的氛围。

创意聚焦02

揣摩范例设计花园

近年来，在家度假已逐渐成为一种生活需求。无论是家居室内装潢或是花园设计，地中海风都是非常受人喜爱的主题风格。这个饭店客房的景观设计手法，确是一个很棒的范例。当地中海风的白、配件的蓝、花木植栽的特质与多色彩相互搭配、结合，无拘束的地中海风情油然而生。看着这个花园也许你可以依样揣摩，打造一个地中海风格的个性花园，享受天天在家度假的美事。

马赛克拼贴的茶几采用地中海最经典的白与蓝的配色，铬黄色的椅子营造出地中海式的风情。

利用马赛克拼贴的镜子，搭配马赛克拼贴的白色木架，摆上贝壳、盆栽，既是梳妆台，也是置物架。

创意聚焦03

创意强化感受深度

希腊的小岛上，到处是白色的房子。房屋的天花板、地板以及街道上的屋墙，全部都是刷上白色的石灰，呈现白的调性。还有淡蓝的天空、深蓝的海水强烈地衬托出白色的房屋与石灰墙。鲜明的白，令人感到放松自在，融合于大自然的海阔天空之中。

从这样的印象中，可得知想要营造地中海式风情，必须把花园里的配件限制在某个色系，再搭配典型的花木。这样，你就可以流畅地表现令人激赏的地中海式印象了。

缅栀的树干上随意挂了玻璃烛台，晚上在花园乘凉、闲坐时，点上几盏烛灯，享受浪漫的度假氛围。

布置花园绝对是需要创意的，往往小小的创意可以强化感受的深度。几串挂在缅栀树干上的贝壳，营造了稚趣的氛围。

朱蕉属龙舌兰科，多年生常绿性灌木，叶色多，有桃红、淡红、暗紫、黄、绿等多色相间，适合盆栽或庭园种植，非常讨人喜欢，而且容易栽种。

案例 05

有凉亭流泉的欧式花园

资料

花园类型 / 露地栽种，少部分盆栽栽种

面积 / 33㎡

座向 / 北向

主要植物 / 蒲葵、草花盆栽

设计者 / 大汉设计工程有限公司 • 徐世萃

客厅的落地窗外，有着令人赏心悦目的欧式花园。花园中有欧式石钵流泉，有高低有致的树木与花草，还有一座醒目的白色凉亭，让人很想到花园里走一走，更想坐在凉亭中休憩片刻，或赏赏花或沉思，放松一下。

在这座约33m²大的花园中，白色六角形的木质凉亭是整座花园的主题。首先，毋庸置疑，欧式的休闲凉亭让这座花园显得与众不同，更重要的是，它改变了花园的空间感。凉亭使得花园的空间配置完全改观，使空间仿佛变大并有了层次。有了凉亭，让人很想到花园去游走，然后走到凉亭中坐下，再往外欣赏花园。六角形的凉亭有六面不同的风景。四季花园，使情境、景致皆不同，这是景观设计师的创意巧思，在台湾的庭园景观设计当中，较为少见。

从主卧也可以欣赏花园的景致，有较近处的盆栽和较远的白色凉亭，令人心旷神怡。

也可从邻居的花园借景，有花有树互相帮衬，让自家花园更有层次。

由于花园的面积不是很大，因此可利用盆栽摆饰。善用盆栽植物的颜色、姿态以及花盆的颜色、质感，增加整体视觉的变化。

创意聚焦01
在凉亭坐看四季景致

这是一个现代自然的欧风花园，最重要的设计元素就是白色凉亭。凉亭让花园有了活力，并激发人们产生到花园看看的兴致。

因此，从客厅的落地窗到凉亭，设有弯曲的步道，步道以几何形步道石与鹅卵石堆砌，让人愉悦地走入花园。而由凉亭另一侧延伸的鹅卵石铺面，除了实用功能，也是一种装饰。当你走入花园，一定会在凉亭中坐下，可以发想，可以赏景，可以喝个下午茶，享受花园中的美好时光。

弯曲的铺石步道，将建筑物与花园连接起来，引导人走进花园休憩。

坐在凉亭中欣赏花园，每一面的风景各不相同，春夏秋冬、晨昏阴晴或是月圆月缺，不同的景致，任凭揽赏。

创意聚焦 02

水钵形涌泉水景

别致的流动式PVC（聚氯乙烯）水钵形水景，是花园中另一个重要的设计元素，当然也是观赏焦点之一。水景与凉亭相互呼应、衬托，加强欧式花园的风格。

此外，因主人属于无法天天整理花园的类型，并不适合在花园中栽种大量的花草树木，设计师运用了白色凉亭、水钵形水景等风格强烈的元素，替代了一般欧式花园会有较丰盛的植栽，让整体设计风格完整而有力。

涌泉是欧式花园的经典元素，由于附近有山，还可引来鸟儿戏水呢！

都市大楼住宅，户户毗邻。涌泉式的流水，优雅而安静无声，不会干扰邻居，也突显了花园的格调与设计师的细心之处。

涌泉旁的番仔林投，是常见的观叶植物，其绿叶茂盛、弯垂，散发优雅气息，适合作为室内或庭园观赏植物，尤其适合放在庭园中较阴暗的位置，例如大树下或围墙边等。

创意聚焦03

配植开花植物营造花色

既然是欧式风格花园，就要配植多种开花植物，例如飘香藤、矮牵牛、新几内亚凤仙花、金毛菊、粉萼鼠尾草、木春菊、栀子花等，营造花色缤纷的花园印象。

而为了让主人好整理，除了木春菊、粉萼鼠尾草是露地栽植之外，其余则是盆栽，一方面以花盆的颜色、质感增加花园的变化，另一方面也容易更换花卉，使四季皆有花可赏。

飘香藤长得较慢，因此不需要经常修剪，适合花盆、大型花槽及庭园花架、花廊种植。

季节性草花适合以盆栽种植，不但好搬动装饰，也较方便替换植物。

矮牵牛品种、花色繁多，色彩明亮艳丽，花多且耐热，是夏季的主要草花。有些品种具明显的蔓性，适合吊盆和花槽种植。

创意聚焦04

修饰花园的硬件设施

在寸土寸金的都市，幸运者拥有庭院或是屋顶花园，而一般人大多只有阳台，而这些户外空间一定会有无法避开的硬件设施。通常景观设计师会使用造园的手法，以花架、吊盆、植栽来修饰它们，以提升花园的精致感。往往因为善用资材，反而使主人多了一个赏花的角落。

例如这里的花架，必然要漆成与凉亭同色的白色，才有整体感。除了栽种不必经常修剪的懒人蔓藤——飘香藤之外，花架设置了斑叶球兰、矮牵牛壁挂式吊盆，地上也点缀一些小盆栽，营造花草丰盛的乡村风氛围。

放置在花园的分体式空调器外机，既然无法让它消失，就在旁边放置九重葛盆栽，修饰并柔化户外机的冷硬感。

为了搭配整体风格与凉亭颜色，而将花架漆成白色。

大门侧边要安置电表、水表、煤气表和洗衣机。大门侧加装完整的白色花架，利用它来种植飘香藤，周边再摆设一些草花盆栽，并且四季更换，一年皆有花可赏。

案例

06

日式乡村风花园

资料

花园类型 / 露地栽种，搭配少许盆栽栽种

面积 / 240.9m^2

座向 / 东南向

主要植物 / 榉树、香草植物

设计者 / 圩逸园艺有限公司・陈忆珍

这是一栋社区型独栋两层楼透天别墅，喜爱花草的女主人唯独喜爱乡村风，眼见左邻右舍的花园都逐渐完工，但还未见到自己喜欢的乡村风花园，于是费了一番工夫，终于如愿以偿，将240.9m^{2}的庭院打造成为让邻居侧目欣羡的日式乡村风花园。

为了配合社区的规定，花园的围墙或围篱高度不超过120cm，这样花园基本上就是半开放式的，符合乡村风花园的诉求。不同国家有不同的乡村风，一般而言，必须以自然、温馨为基本原则，具有开放的土地空间和树木、灌木丛、草花、香草等植物，以及天然材质的素材、配件、饰品等，才能打造充满自然、野趣氛围的乡村风花园。

花园中处处可见南方松与耐火砖等资材，运用温润质朴的大地色系，营造手作感十足的乡村风。

可爱的日式杂物风陶盆，种着各式各样的多肉植物，放在矮墙上，十分有趣。这也是经典的日式乡村风盆栽，令人爱不释手。

紧接着耐火砖矮墙栽植了日本女贞并作为绿篱。沿着绿篱往后走就是花园的侧面与后段，后院的主树是大叶山榄。大叶山榄是山榄科常绿性大乔木，与日本女贞一样都容易栽种、管理。

创意聚焦01

欢迎分享我的花园

这个社区的安保措施超强，容许设置开放式花园，因此也明文规范整体社区的围墙、围篱或花园绿篱的高度。

庭院正前方的主树是一棵树型典雅的榉树，它与屋宅互相衬托，非常优美。最吸引人的是耐火砖叠砌的矮围墙，说这是围墙还挺不像的，因为太漂亮了，三段错开的耐火砖矮墙，配植四季轮流开花的花草树木，五彩缤纷，散发着温馨的气息，似乎在亲切地说：“欢迎分享我的花园！”

庭园主树下的耐火砖矮墙，配植榆树、鸢尾、金英树、日本绣线菊、千屈菜、矮牵牛、日日春、紫娇花、鸟尾花等，这些植物轮流开花，增添了花园的丰盛感。

在车库与入门的步道之间种植成排的百子莲，其株型秀美，叶片丛生紧密，在此具有良好的绿篱作用，既区隔出花园的范围，又避免让人随意踩踏草地。

榉树在南方容易栽种，成长快速，可耐风、耐贫瘠，适合作庭园观赏树及绿荫树等。

创意聚焦02

园艺小物塑造风格

庭院大门斑驳的枕木柱，点出和式乡村风的意象和趣味。枕木柱上的“garden”（花园）彩绘牌、种着多肉植物的造型河马陶盆，枕木柱旁灰蓝绿的玉芙蓉，散发着一种特别的乡村气息。顺着步道，可以看到屋宅大门口布置有乡村风的杂物。铁制上彩的白兔、娃娃，A形白色木架及各式各样的小盆栽、小饰物、洒水壶、旧牛奶罐，点出浓浓的乡村风园艺趣味，温馨地等待家人回家。

枕木柱旁栽种着玉芙蓉、细叶七里香、羽裂美人樱、天人菊，接着是一排百子莲。枕木柱旁的玉芙蓉、细叶七里香都是叶片较小的植物，叶片小会有比较细致、优雅的视觉感，这正是设计师想要呈现的。

大门口的阶梯，运用各式乡村风杂物与植物，营造出温馨的迎宾角落。

创意聚焦03

天然素材发挥巧思

乡村风花园要使用大量的天然素材，如铁件饰品、小杂物、园艺趣味盆栽、香草植物等。这些素材需有手作感、趣味感、朴拙感，才会呈现乡村风的趣味与风格。

一般乡村风使用的天然素材有：木材、砖类、石材、岩片、铁铸或彩色铁件、铜制品等，例如前面提到的枕木门柱、耐火砖矮墙。在这里还可以看到利用枕木、耐火砖设计的供水设施，是洗手台也是浇花给水的水龙头。

在花园正前方也有一个以枕木设计的洗手台，与门口的枕木柱相呼应。

特别以耐火砖修饰的洗手区，搭配铜质的水龙头，充满地道的乡村风及手工感，并将自动浇水系统设置在此处，一举两得。

以耐火砖砌成花台、坐椅，搭配南方松木平台，花台上种着蔓性迷迭香。坐在平台上，即可闻到迷迭香散发出来的气味，非常舒服。

创意聚焦04

新鲜香草种在厨房边

整个花园面积蛮大的，有前院与屋宅侧面的后花园。景观设计师特地设计了可以休闲的南方松木平台、耐火砖坐椅以及香草花园。绿篱则是采用女贞，可于3~7月开花，容易照顾，耐修剪。

由于后花园比较有隐密性，在此休憩、闲坐也比较自在，同时因为位置靠近厨房，所以特别配植了香草植物，如迷迭香、甜菊、香蜂草、百里香、欧芹、九层塔，以及辣椒、草莓等，主树是樱花树。这样的设计，让后花园成为一个实用性高的香草花园。

女贞花芳香，分枝多，枝叶茂密且耐修剪，是优良的绿篱植物，可赏花、赏果、观叶。

在南方松木平台的直角边缘，以矮性仙丹花收边。由于这个位置是从厨房走到香草植物区的动线区域，踩踏频繁，因此采用了岩片的铺面，除了比较耐踩踏，保护草皮之外，雨天时可以减少将泥土溅到平台，同时也是一种铺面的变化，增加花园的设计感。

西洋蓍草别名千叶蓍，深绿色叶片有锯齿缘，具刺激味道，嫩叶有辛辣味，可制作沙拉，但需剁碎，否则会有苦味。

案例 07

果树庭园变花园

资料

花园类型 / 露地栽种

座向 / 东南向

主要植物 / 橄榄树、柠檬树

设计者 / 奸逸园艺有限公司 · 陈忆珍

这栋二楼透天别墅，拥有92.4m²大的花园。社区里的每一栋屋宅都有开放式的庭院和车库，同时规定庭院大门及围墙、绿篱都必须维持120cm以下的高度，目的是让每一户的花园都成为社区大花园的一部分。

由于屋主特别喜爱栽种果树，因此入住之初，屋主对庭院没有特别规划，只是开始尽情地栽种各种果树，例如橄榄、柠檬、葡萄柚、热带苹果、芒果、热带水蜜桃等，后来还是觉得找个景观设计师来加以设计会比较漂亮。于是，设计师将果树重新配置栽植，并保留完整且较大的草皮。为了防止外来的狗闯入花园，利用南方松木打造矮篱。又因为是靠边的，因此在转角处特别做了一个重点设计，与路过的芳邻分享绿意。

大门边的回形造景是门柱也是双层花台。

常见的地被植物——草皮，质感柔软且耐践踏、耐修剪，每年至少需两次大修剪，草皮才会长得好。

创意聚焦01

火刺绿篱艳丽壮观

每个花园都有自己的故事。这个庭院因为主人喜爱栽种果树，因此希望景观设计师帮忙重新规划、整理，以简单为基本原则略加造型、点缀即可。设计师给出了一个创意——采用难得一见的火刺绿篱。

为什么这么说呢？因为火刺苗木价格较高，要种成一排绿篱，成本当然高，所幸主人要的是一座自然、简单的花园，却也因此得到了一个既简单又有特色的花园。

当成排的火刺结果时，其迷你红色的果实，常会引来鸟儿觅食。

火刺绿篱与南方松木矮篱相连接，围住庭院，打造了一个自然、简单的围墙，既符合主人的需求，无形中也将别墅衬托得更有质感。

火刺有非常讨喜的俗称——状元红，其果子成熟期正逢春节，因此也是春节的人气盆栽，可赏果3个月以上。火刺3月~5月开花时，满树小白花犹如覆雪，花后结绿色小果，成熟时转为红色，是野鸟的美食。

创意聚焦02

南方松木围篱简单有型

因为住宅是靠边的，与外界衔接的面幅颇宽，为了防止外来的狗闯进花园，主人决定装设大门与围篱，由于社区规定围篱高度不得高于120cm，这个围篱必须既矮又简单有型。

因此，景观设计师特别将南方松木围篱设计成渐层高低的造型，并顺着庭院围绕，再配植麦门冬加以点缀，就成了可亲又实用的围篱。

南方松木围篱配植麦门冬美化。麦门冬植株丛生，容易栽种，耐阴性佳，可于春、夏季盛开淡紫或紫红色小花。

粗壮的木柱埋入土内，稳固耐用，不易破坏。木柱之间留出合适的空隙，狗儿钻不进来，看起来美观又没有压迫感，完全符合“自然”风格。

创意聚焦 03

配植香草植物营造层次

南方松木围篱沿着庭院地形而造，顺着路在转角处做了一个重点设计，即把一棵热带苹果树移种在这里，作为这个小区域的主树。

由于热带苹果树是乔木，假以时日将逐渐长高、变大，树荫底下则栽种了灌木型花期很长的金英树，可由春末至秋季持续开花。再配植迷迭香、薄荷、绿紫苏、香蜂草、百里香等香草植物营造出层次美感。

主人不想种什么赏花性的植物，倒想用实用性的香草植物呼应庭院里的果树，氛围相当，既能食用又可观赏。

绿紫苏属于唇形花科，别名青紫苏，一般较少栽种，要见到它可有点不容易。它为一二年生草本香草植物，茎基部有部分木质化现象，嫩叶可食用，味道比红紫苏较为浓烈。

创意聚焦04

草花点缀自然风格

从大门进入，右边是一个回形的双层花台，还有一棵主人最心爱的橄榄树和一小排栀子花。双层花台也是大门门柱，栽植了春紫菀、日本绣线菊。左边则有3个柱状造型物，一个是门柱，上面有一个陶盆种了松叶牡丹，柱脚边则种了百子莲，另外两个较矮的则是花台，分别种着粉红色的鸢尾花和鲸鱼花。

庭院以入门走道分为左右两边，左边种几棵芒果、热带水蜜桃等，右边经过橄榄树，则种有一排柠檬、葡萄柚和蓝莓。

利用素烧陶盆搭配铜质欧式水龙头的洗手台，也是浇花的给水设备，很有趣也颇富创意。

造型柱刻意以米色、灰色的长方形石片拼贴，与原有的灰色花岗石走道呼应。配合主人的喜好，只以少量的多年生草花点缀，符合一贯的“自然”风格。

一整排的柠檬树，除了方便维护，当开花或结果累累时，也会很有观赏性。

案例
08

现代日式
极简禅风庭园

资料

花园类型 / 露地栽种

座向 / 北向

主要植物 / 罗汉松、桂竹

设计者 / 橡树园艺 · 颜仲亨

独栋透天屋宅，外观是现代的日式极简主义——清水模风格。走进屋宅，才发现里面藏着别有洞天的花园，让入门者瞬间从灰色调，转入绿意盎然的庭院造景。

喜爱花草的主人希望前、后院的庭院及阳台，都可以有相衬的景观。其中比较幸运的是，景观设计师在屋宅的施工中，即参与庭园硬件的前期施工，例如防水、排水系统及浇水设施等都已先进场配合施工。

至于庭园的风格，景观设计师采用的是与屋宅外观既可搭配，又能互相烘托的现代日式极简禅风。精致的庭院提升了屋宅的价值，更在无形中打造生活的写意和情趣。

流水小池的意境造景，是整体日式禅风的代表。

后院庭院刻意种了春夏季开花的苞舌兰，花季长久持续，很适合和日式石灯搭配。

善用地被植物的流线与组合，可以轻松营造抢眼的视觉效果。

创意聚焦01

禅味的水景与枯山水

从大门进入，即可看见庭院最富禅意的水景与枯山水意景。主树是树形轻逸文雅的桂花，点缀着景石与较低层次的树兰、黄金金露花等花木，虽是极简的禅风，在郁热的夏秋时分，清雅的花香却能沉淀心绪。

修剪成圆形的黄金金露花让绿色有了变化，而多年生的根节兰，可于春天开花，花朵盛开且优雅典约，以维系禅意。水景以砂岩石缽为主体，竹筒“泉水”，安静流动。以此水景为源头，再衍生出枯山水，表现现代日式极简造园的禅意。

以3块绿色的蛇纹石取代玄武岩步道石，并铺上黄色花岗岩小碎石，构成完整的枯山水意境。

刻意选用砂岩质地的石钵，在周围植满兔脚蕨。颗粒状质地砂岩，容易吸收水分及滋生青苔，假以时日可让兔脚蕨附生在砂岩石钵，营造岁月感，增生禅意。

树兰是香花植物，每年7月~10月开花，黄色小花如粟而俗称米碎兰、珠兰等，花多而香味清雅，适合庭园栽植或大型盆栽。

创意聚焦02

预先设定绿篱高度

从庭院大门通往二楼客厅、餐厅的楼梯，因为紧邻着隔邻的围墙，为了可以有较好的遮蔽效果，并搭配整体日式造园风格，设计师采用了株型较大的桂竹作为绿篱。定植时，就预先选用具有7~8米高度的桂竹。若是用较矮的植栽，便无法立即达到隐私的需求。

桂竹是大型竹子种类，可全日照或半日照，栽培容易，适合庭院观赏栽植。

创意聚焦03

四季常青优雅的罗汉松

罗汉松是一种裸子植物，树型低矮优雅且四季常青，园艺观赏价值高。它的种子具有肥厚种托，种托成熟时，由绿转为红紫色，配上浑圆的绿色种子，酷似和尚打坐的侧身模样，而得名罗汉松。日式极简禅风造园，采用这种植物十分恰当。

兰屿罗汉松，生性强健，但生长较缓慢，适合庭园观赏与作为绿篱栽植。可修剪成锥形、圆形或特殊造型。

创意聚焦04

出色的极简视觉印象

从大门进入，庭院左方靠近围墙的位置有一个区域的设计，配合清水模的风格围墙，以高大罗汉松为主树，有较低矮的桂花、茶树，漂亮优雅的富贵蕨沿着墙脚栽植，地被植栽玉龙草与草皮之间有圆弧形的曲线，营造了非常出色的视觉印象。

栽植罗汉松时，使用排水透气并富含有机质的砂质壤土，这将非常有益于罗汉松的生长。砂质壤土形成的小坡，必须有玉龙草的地被保护，面土才不至于流失。

富贵蕨叶色青绿，耐阴性佳，需避免夏季阳光直射，否则叶片容易晒伤，株高可达1米，适合大型盆栽、庭园观赏栽植等。

靠近围墙的位置有一棵3层楼高的主树——罗汉松，其叶片狭长，适合庭园观赏栽植或盆栽。

设计师利用陶缸作水槽，方便在庭院浇花、洗手等，以免用水时水到处流，影响美观。这座庭院包括前、后院与二楼阳台，都没有使用自动浇水设备，因为主人希望自己动手浇花，既可时时关照植物，更可以乘机让身子动一动，有益健康。

创意聚焦05

生机盎然的后院

后院的空间虽然不大，但依然延续前院的枯山水设计概念，地面铺了和前院相同的大块玄武岩步道石，地被植栽一样是玉龙草与草皮。枯山水部分，则以黑色鹅卵石呈现河道的意象。

较特殊的是，后院栽种了较多叶色有变化的树木，例如南天竹、红枫等，红枫的新叶会呈现红色。整个设计与布局让16.5m^{2}大的后院，生意盎然。

与隔壁相邻的围墙边，靠外侧有南天竹。由于被相邻的建筑物遮挡，光照较少，靠内侧则采用较耐阴的观音棕竹、山菊，将狭小的角落美化。

后院的植栽配置自然而简洁，以五针松为主树，配植了唐竹、红枫、真柏、细叶七里香、斑叶海桐、岩山椒、苞舌兰、南天竹、观音棕竹、山菊等。

一棵偌大的五针松，为后院增色不少。但后院狭小，因此景观设计师把五针松当成一棵超大盆栽，将它定位之后，以石块砌在土团外，并与旁边的景石相连，看起来淡泊自然，既实用又有装饰效果。

案例
09

休闲乐活的实用花园

资料

花园类型 / 覆土栽种，搭配少许盆栽栽种

座向 / 南向

主要植物 / 粉扑花、柠檬树

设计者 / 枫苑景观设计工程有限公司·林芳民

这座位于大台北北投区的透天住宅，因为女主人喜欢花花草草，非常爱动手种花，因此设计师为她打造了一个以休闲为目的的实用花园。以“实用为导向，设计风格为辅助”来说明这个花园最为贴切。

因住宅所在位置有些坡度，所以一楼的楼层其实是挑高的，底下是车库，冂形的庭院从屋宅前方围绕着侧面，再延伸到屋宅后方。景观设计师将99m^{2}的花园，分成几个区域，各区域风格不尽相同，但基本上可分为两种风格，一种是现代自然欧式风格，另一种则是现代日式风格。大陶盆植栽、吊盆草花、柠檬树，以及精灵、小矮人饰品，欧式休闲桌椅、遮阳伞，呈现了花颜缤纷的现代自然欧式花园。后院向北，日照较少，所以选择了现代日式的造景设计。

布置在大门口的盆栽都是女主人的成果，丰富而温馨。除了多年生的花木之外，也有随着季节而更换的草花，与邻居、路人分享缤纷花颜。

象脚王兰俗称尤加，树姿大方简洁，适合盆栽及庭园栽植。

创意聚焦 01

优雅的南天竹绿色屏风

客厅的前面，是一个狭长形的花园，主树是合欢树，且种了容易栽培、花期又长的三星果藤，假以时日可以爬满白色隔板墙，既有遮蔽效用，又可赏花。花园还配植着可耐阴的斑叶象脚王兰，增加视觉的美感，底下较低矮的位置则有小天使花、长春花、麒麟花、虎尾兰等，形成一个有树有花的美丽角落。

由于有阳宅风水上的需求，沿着栏杆型的女儿墙，则种了一排南天竹绿篱，有遮挡作用，却不会因为长得太茂密而失去美感。

高耸的南天竹像是一道绿色屏风。南天竹是中国宫苑传统植栽，在日本则认为“植之庭院厅前，能使厄难得以转祛”，视为吉祥的植栽。

客厅落地门前的日照较不充足，即不适合栽种草皮，因此设计师以长方形花岗石片与黑色鹅卵石的铺面来处理，简单、大方、好清理。铺设鹅卵石部分也是隐藏式泄水道。

创意聚焦02

享受园艺的乐活花园

从大门拾阶而上，就是有着罗马柱的玄关。设计师在这个区域设置了欧式休闲桌椅、遮阳伞以及南方松木打造的走廊、走道平台等，主要种了3棵大型的乌沈香盆栽，其余的草花盆栽、吊盆，以及素烧陶偶、精灵、小矮人饰品等，则留给超爱种花的女主人去发挥。喜爱花草的女主人也与设计师因种花而成为好朋友，所以景观设计师希望这是一个女主人自己亲自参与设计的休闲花园。

玄关处的草花盆栽，是女主人一手布置的，常随着季节而更换，不但满足了莳花种草的兴趣，也让花园一年四季生气盎然，享受与花为伍的生活。

以南方松木打造走廊、走道平台。基于安全考虑，屋顶使用两层5毫米厚的胶合钢化玻璃，透光、美观且安全。至于白色的花架走廊，因白色是女主人所喜欢的颜色，为了让白色好看又耐久，上了水泥底漆再上2层白漆，可下了一番功夫。

玄关处的罗马柱旁边，利用空心砖搭配草花盆栽，巧妙隔出玄关的动线，却又没有阻隔感，还可以看见后方的日式庭园，一举数得。

创意聚焦03

素雅的现代日式庭园

花园后方面北，日照较少，所以景观设计师选择现代日式庭园作为主要的设计风格。

庭园与隔邻的围墙采用精致的竹篱，再种上一整排挺直秀雅的孟宗竹，一方面营造日式庭园的氛围，另一方面用来遮挡隔邻的杂树景物。孟宗竹以下配植茶花、南天竹、碎米茶、翠卢莉、细叶杜鹃及很耐阴的山菊，以玉龙草作为地被。铺面有树皮和天然白鹅卵石两种。蜿蜒的枫港石步道除了是必备形式，在视觉上更有增加庭园深度的作用。

这是孟宗竹，俗称江南竹、南竹、毛竹等，其株形高直，竹影扶疏，有种独特的美感，常随风弯曲婆娑，竹籁之音让人沉静。

庭园中的一角设置了景石、石灯。景石有平石及低矮的立石，石灯则是采用现代形式的道标造型。在此不使用传统造形的石灯，避免产生日式寺庙庭园的印象。石灯旁栽种山菊，非常和谐。

设计师强调最好采用天然白鹅卵石，而不要用特白鹅卵石，而特白鹅卵石比较适合室内使用。天然白鹅卵石的优点是颜色自然，比较不易滋生青苔，即使长了青苔也会自然好看。

案例 10

专业级 梦幻玫瑰花园

资料

花园类型 / 大部分以盆栽栽种，少量露地栽种

座向 / 东向

主要植物 / 玫瑰

设计者 / 主人

春天时，花朵盛开，上百朵的花苞同时绽放，是社区里最华丽的一处景色。这样的规模已经进入了专业门槛。男主人甚至在电脑里为每一种玫瑰建立档案，详细地列出品种、类别、来源、栽种日期、数量……并且为玫瑰别上名牌，供人阅读。小小的花园，只经营了4年左右，种过101种玫瑰。主人对自己花园的要求，已不再是普通的玩的性质。他定时在博客上发表文章，更注意上传照片的花形是否标准，提供正确的知识给网友，在网络上已是小有名气的玫瑰达人呢。

而这座玫瑰花园，一开始也只是因为女主人喜爱玫瑰，男主人为了爱花的女主人，由一棵玫瑰衍生出这片浪漫的天地。

玫瑰盆栽只要安排得当，轮流摆放，门面就会是四季皆有花的盛况。

这株名为遗产（Heritage）的玫瑰，花瓣洒落一地，在草地上轻轻躺卧。

玫瑰凤仙绽放在玫瑰园里相当秀气。

在玫瑰拱门下小坐，看着整园的玫瑰花，心旷神怡。

创意聚焦01

技巧创造梦幻玫瑰花屋

为了让家与玫瑰花园完整结合成一体，创造出童话般的梦幻玫瑰花屋，需要许多小技巧来营造出整体气氛，而不是房屋归房屋，花园归花园的单一设计。分出主题花卉与四季草花，除了让房屋因花添色，也让房屋增加更多的空间视觉变化。

利用物件引导视觉，例如长条形的花园，以蜿蜒的方式铺设砖块，花园深度更具变化。

简易的木栏架，就能让玫瑰花攀爬在建筑物上，这是玫瑰花屋最基本的打造方法。

利用阶梯摆上花盆，营造高矮的层次感。

玫瑰虽是花园里的主角，适时地在低处以四季草花配色，可把花园妆点得更美丽，并衬托出主体的玫瑰花色。

创意聚焦02

花色缤纷

不同的品种，不同的颜色，随时交替上场演出。每一朵玫瑰开放时，都是主人与宾客的话题。品种上百，依照季节而开出不同颜色的花朵，这样缤纷的玫瑰园，是许多玫瑰爱好者的梦想。

说愁（Scentimental）。

路易斯欧迪（Louise Odier）。

西班牙舞娘（Spanish Dancer），四季皆可开花。

马丁奇勒（Martine Guillot）。

瑞典皇后（Queen of Sweden），最吸引主人喜爱是她的花瓣呈现的澄彻感，粉色又明亮。

王子（Prince）四季皆可开花，但是如图中的深紫色，只有冬天才有，叶片单一生长，与其他玫瑰不同。

四季花开的夏洛特，通过芽变可产生同株异色花，如果芽变之后花色又能稳定，接下来很可能产生新品种了。

创意聚焦03

乐在花时间

打造花园，不仅是为了观赏，更是为了让自己享受生活。花园里的点点滴滴，不管辛苦栽培或等待花开，都成乐趣。当中有一款名为皮尔德龙萨（Pierre de Ronsard）的玫瑰花，栽种在门边侧墙，开放时花团锦簇。女主人还依样绣了桌巾，绣工精密一眼即知得花不少的功夫。生活的时间，都乐在花里。

铺在玫瑰花下的桌巾，是女主人亲手绣制的。对照花园里的品种花，形配成一套自家花园专用的桌巾，巧思暗藏，与知己花友共赏。

创意聚焦04

花园配置与花开时节

花园有两种栽种方式：直接栽植和盆栽。在布局上，门口直接栽植的玫瑰花有四季皆开花的黑影夫人品种，其艳红的花色，吸引人注意。门边的亚伯拉汉达比玫瑰，具有粉色多花的特性，攀附在侧边入口墙，亲切迎宾。其他在入口阶梯上的盆栽，则依花开状况和主人兴致而变动，因此花园时时都有小改变，但门面永远都有花，否则因玫瑰仅盛开于春季，而令其他季节显得清冷。

黑影夫人玫瑰是女主人觉得很容易栽培的品种，即使遇上了病虫害，剪枝后又能再开花。

亚伯拉汉达比。

把花园里的薄荷煮成冰茶招待客人，在夏日里飘着凉意香气。

garden

庭院花园篇

第二章
打造花园实作**问与答**

A 庭院花园基本知识

光照条件与植物选择

空间配置与功能需求

花园风格营造

B 实务过程

基础栽培

盆栽栽种

露地栽种

草皮铺设

资材运用

地板铺面

水景装设

C 景观设计步骤

A 庭院花园基本知识

光照条件与植物选择

001

要如何观察庭园光线条件?

A

日照条件可通过光线的强度和照射时间来确定，一般可分为全日照、半日照、荫蔽等3种。全日照是指每天日照时间长达6小时以上的环境，通常为庭院无屋檐处，且周边无高楼遮蔽，都是光线最好的状态。

半日照则是阳光被过滤，或被遮掉一半亮度的环境，例如庭院的屋檐下、靠墙壁边，或被周边高楼挡住阳光处，都属于此条件。而荫蔽即只有散射光线，无直接日照，通常已搭建遮雨棚或整片屋檐的庭院即如此。

002

光线看起来很充足，那什么植物都可以种吗?

A

日照充足的情况下，包括各种乔木、灌木、观花观果植物、水生植物，甚至蔬菜水果等，任你选择了。不过要看光线是否为直射，例如屋棚下虽看起来明亮，但其实只有散射光线，这时就要选择适合半日照的植物。

003

院子周边有高楼，阳光不强，可以种树吗？

A

阳光条件不佳，只适合种半日照的植物，建议以观叶植物为主。如果地方够大，可以种较耐阴的马拉巴栗或旅人蕉、观音棕竹、海枣、椰子这类棕榈科植物，它们特点是耐阴且生长较慢，而且极具热带风情，简单种植就可以营造庭院休闲风。

004

西晒的墙边适合种什么？

A

西晒的直射阳光非常强烈且温度高，很容易晒伤植物，通常要选择喜阳又耐旱的植物，像草花类的马齿牡丹、松叶牡丹、万寿菊、百日草等都较耐高温，花木类的则有矮仙丹、麒麟花、沙漠玫瑰、朱槿、变叶木、缅栀（鸡蛋花）等可选。

005

我家庭院已搭起整片屋檐，还能种什么？

A

屋檐通常具有遮阳和隔热效果，所以首先要看屋檐下的光照以及通风程度如何，才能决定植物种类。如果屋檐采用透光率高的材质（如白色波浪板、玻璃、遮阳网等），那么一般较耐阴的观叶植物及兰花都还可以种。

若是较不透光的整片屋檐、遮雨棚，那么种植物的条件就不够好，只能选择耐阴的观叶植物，如粗肋草、黄金葛、蔓绿绒、合果芋、白鹤芋、马拉巴栗等，但这些植物只是对日照需求少而非不需阳光，而且最好隔一段时间就拿到明亮处调养。

006

庭院可以种菜吗?

A

庭院要种菜当然可以，但栽种前同样要依照全日照、半日照与荫蔽3种光照条件，选择适当的蔬菜种类。此外栽培管理，从浇水、施肥，到病虫害防治，都要比园艺植物更费心。

若以花圃种菜，优点是土壤多、营养相对充足，土壤要记得先清理杂草、添加基肥。若以盆器种植，好处则是管理方便可移动，且容易罩网，病虫害防治较为简单。

007

常看见人家围墙上爬满植物，这些是什么植物呢?

A

可以布满墙面的蔓藤类植物，有直接吸附墙面的爬墙虎、薜荔、常春藤等（适合小面积的墙面生长），以及需要支持物、缠绕攀爬的炮仗花、牵牛花、龙吐珠等（通常需要较大空间的生长环境）。依照攀爬方式的不同，所需要的生长空间与设施也不同。

空间配置与功能需求

008

我家院子已当车库用，如何改造成小花园?

A

很多人家的一楼庭院都会拿来当作车库，但即使这样还是留有部分空间种植物。不管剩余空间多大，建议好好利用各个墙面及屋檐下空间，用贴墙摆放及吊挂植栽方式，为庭院空间增点绿意。如果庭园没有遮阳屋檐，停车处的地面也可以使用植草砖，让植草砖的空隙长出一点绿草。

若已搭建遮雨棚或屋檐，则适合栽培耐阴的观叶植物；但要注意这样的庭园，汽车排放出来的热气容易滞留，要考虑改善通风条件，这样对人和植物才都有利。

009

庭院已经铺设成水泥了，想种菜可以吗?

A

蔬菜水果在盆器里面照样可以种喔！一般的小盆器可以用来种一次用量不多的辛香料植物，如葱、蒜、香草植物（薄荷、迷迭香、紫苏……）。若是种蔬果，则最好用中大号的长方形盆器，土量才够；其中瓜果类、豆类等要加置攀爬架，最好靠墙摆放。

现在市面上也有专为种菜设计的种菜箱，可以视需求加长或加高组装，十分方便。

010

庭院只有$5m^2$，要怎么设计成花园？

A

这样的迷你庭院可算是入门玄关的延伸，可能停留的时间不会太多，因此不用考虑到庭园的使用功能。所以设计上很简单，只要多种花种草就好了。

若不想做太复杂处理，铺设草皮及石板即可，因地方小，铺设前的土壤清理工作不会太费力；或者摆几盆大点的木本花卉盆栽，作为迎宾用。喜欢缤纷一点的，不妨利用当季便宜多样的草花装饰，每个季节都会有焕然一新的感觉。

011

想要有个可以喝茶、用餐的庭院，要注意些什么？

A

庭园里肯定少不了桌椅，才能让人停驻休憩。市面上有许多户外专用庭园家具，包括桌、椅、遮阳伞、躺椅等，喜欢自然风格的可选择木质、藤编等，但要注意是否经过处理以适应风吹日晒雨淋；锻铁、铝合金的材质也很有欧风感。也可利用石头、木头，会更显天然。如果庭园不够大，桌椅最好选择折叠式的，不用时可以收起。

012

希望有个可以戏水的花园要怎么弄才好？

A

户外水池要保持干净不生蚊、不长苔，才能够供家人尽情戏水，所以水池的净化循环就显得很重要。如不请专业施工人员而想自己动手，且戏水仅偶尔为之，建议只要留一处平坦的空地，表面铺草皮或水泥，用充气式泳池当戏水池，这样较简单。或装设洒水喷头，浇花兼玩水也很有趣。

庭园内已有水池的，则可先放水清空，刷洗完再经曝晒后，重新蓄水当戏水池。也可加装景观水池用的喷头，更增加戏水的乐趣。

013

居家庭园颇大，怎么设计才实用？

A

一个空间要物尽其用，使用频率要高，功能就要多样化。其实庭园可以依照活动来分区，可分为午茶用餐区、烤肉区、戏水区、水池区、玩耍区、晒衣区，甚至还可以辟出各种可以阅读、休憩的小角落，将一个庭园利用植物作自然的分界，划分多个使用区域，增加使用机会，自然就会是实用的庭园了。

014

不希望有太多花草，只想有点绿意，如何设计？

A

很多人家里虽有庭院空间，却不一定想要花团锦簇，理由大多是太忙而没时间管理。但即使如此，拥有一个看得到绿意的庭园，仍是每个人的梦想。

所以，庭园的花草多少倒没关系，方便管理才是重点。基本上，植物最好都集中在花圃内，并装设自动浇灌系统，简化管理作业。如果没有搭建花圃，只希望有几盆花草点缀，那么可善用花架，让植物有地方摆放，而不要零散地摆置地上。

015

如何设计一个可让小孩尽情玩耍的花园？

A

小朋友最爱在花园里奔跑、寻宝，因此安全性是花园设计的第一要件。在硬件配置上，桌椅、饰品、花坛等不要有尖角，如有要加以包覆，以免小孩撞到。花园的动线也不要太复杂，空间尽量开阔。最重要的是植物选择，避免栽培有毒、有尖刺的植物。

许多常见的园艺植物都有毒性，像日日春、马缨丹、杜鹃、软枝黄蝉、金露花、沙漠玫瑰等，平日栽培无妨，但要慎防小朋友误食。而圣诞红、绿珊瑚、黛粉叶、黄金葛等，则不能碰触到其乳汁或汁液。此外像玫瑰、麒麟花、九重葛、使君子、武竹、刺葱、芦荟及仙人掌类等有明显尖刺的植物，也要尽量避免。

花园风格营造

016

如何简单创造日式和风花园？

A

和风是现代人对日式风格的一种称呼。和风重在简约沉稳，一根竹、一方石、一点水……简单的自然元素就能呈现禅味。因此营造花园的和风感并不难，只要在装饰中增加和风花园的元素，像竹帘、石板、宫灯、石制或陶制的水盆、滴水器等，这些都可在园艺资材店买到，稍微运用就能让花园有不一样的风貌。

017

枯山水是什么，可以自己设计吗？

A

枯山水庭园是以北宋山水墨画为基本精神，以大小各异的庭石，铺列出泉流山水之景，表现出受佛教禅宗影响的枯淡趣味。这是日本室町末期出现的改革式庭园。

自己设计这样的庭园或许无法真切表达枯山水的意境，但可以掌握其“余白”的特色，让庭园铺面以石材为主，配合不同种类的石、砂，打造出波浪形态，其间可植树、可架桥，让自己玩味出最好的山水风景。

018

喜欢有水景的花园，但会不会滋生蚊子？

A

一般水池的水若为静止的死水，蚊子容易在水中产卵，而产生蚊子幼虫——孑孓。花园想要有水景，一定要从水的循环清理着手，再者在池内养鱼，都可避免蚊虫滋生。

若是请景观公司修水池，可以要求装设循环、滤水系统，让水不断流动，或栽植水生植物以净化水质。但若是自己修水池，因无特殊装置，溶氧量较不足，可以在水中养一些生命力强的鱼类，如大肚鱼、盖斑斗鱼、孔雀鱼等，它们会吃掉蚊子幼虫。

019

怎么设计出有生态感的野趣花园？

A

花园要形成生态系统，具有水池是其中的条件之一，而且要能顾及生物生存的水池生态，这样的花园才饶富趣味。

生态水池的建造是一门学问，首先水池底部要不透水，池边应有人工设施，而以栽培植物为主。水池可以有较大的水域，混种多种水生植物，也能形成水深较浅的湿性草地，池边则可栽培落叶乔木。

当然野趣风格的花园看个人喜好设置，不一定非要有生态水池不可，只要植物多样，听得到虫鸣鸟叫，自然就是生态花园了。

020

听说英式花园很棒，普通庭院如何变身呢？

A

英式庭园为什么看起来舒适宜人，就是因为“自然”，不像欧洲古典花园的对称几何造型、整齐的花坛，而是让植物融入现有环境、自然生长，多余的人造装饰大多省略。若有园圃、围墙、铺面，不妨用红砖、枕木这类色彩沉稳的材质，来凸显植物缤纷的样貌。

B 实务过程

基础栽培

021

庭院矮围墙外适合种些什么植物?

A

如果围墙不高，那么可种些绿篱植物让花园及屋内保有隐秘性，也让过路人有花可赏。不妨选择常见的观花灌木植物，例如金露花、矮仙丹、树兰、月橘（七里香）、夜香木、石斑木、春不老等，或可攀倚围墙上的蔓藤类植物，如九重葛（三角梅）、炮杖花、使君子、蒜香藤、龙吐珠等。

022

在院子的花圃播种经常失败，为什么?

A

播种失败原因很多，播种季节、浇水频率、日照、土壤等等都是影响成功的可能因素。因此，不建议直接在庭院的花圃里播种，因变动因素较多，不好控制，失败率较高；建议可先利用盆器播种，等到种子发芽、健壮生长后，再移植到花圃内，是比较容易成功的方式。

023

想要有天然的遮阳棚，适合种些什么？

A

用天然的绿荫来遮阳是最舒适不过了，只要能爬满棚架的蔓藤植物都可以种。如果喜欢赏花，那么紫藤、炮杖花、蒜香藤、忍冬、九重葛、紫蝉花、软枝黄蝉等都不错，而百香果、葡萄……这类果树则有尝果的乐趣。另外，让气根垂下具有垂帘效果的珠帘藤，也能营造优雅情境。

024

种蔓藤植物会破坏墙壁吗？

A

一般看到的蔓藤植物多呈现攀爬或悬垂的形态。若细分其攀爬方式，又可分为缠附支架往上长的“缠绕植物”（如牵牛花）、从茎长出卷须勾住支撑物的“卷须植物”（如葡萄）、茎部延长并长出气根或吸盘攀附的“吸附植物”（如黄金葛）、枝条倚靠支撑物生长的“倾倚植物”（如软枝黄蝉）等。

大家担心的会攀附墙壁的吸附植物，其实这些植物根系分泌的是黏液，并不会腐蚀墙面；如果墙面原本就有缝隙，应该先填补好缝隙，再考虑种植这类会攀附的蔓藤植物。

025

希望庭园有季节感，有什么变叶植物可种？

A

植物叶色随着季节变化，是因为冬季落叶前的叶绿素老化分解，而呈现叶黄素、胡萝卜素的黄、红色。能够栽培在平地的变叶植物，多属落叶乔木，包括青枫、枫香、乌桕、大叶榄仁等。此外也可考虑种植变叶木、彩叶草这类叶片本身就有多样色彩的植物，只要光线充足，它们的色彩会更鲜艳，可以让庭园的色彩更丰富。

026

墙壁和屋檐下适合挂哪些吊篮植物?

A

墙壁上可以挂半圆形的吊盆，或者若有延长的勾架可挂一般盆器。如果环境日照充足，那么一般的草花、观叶植物、多肉植物等，都可栽于吊盆内。其中花朵向外垂的吊钟花、螃蟹兰、矮牵牛、四季海棠、蔓性夏堇等都很适合吊盆欣赏。

日照较差的壁面和屋檐下，则适合种较耐阴的观叶植物及蕨类。若喜欢垂下流泻的美感，则可选择观叶植物中的常春藤、黄金葛、蔓绿绒、球兰、玲珑冷水花、薜荔、爱之蔓、金钱薄荷等。

027

有什么果树适合盆栽，果实又可以拿来吃?

A

一般果树多为小乔木，以盆器来种土壤厚度不够。但现在很多果树都已培育成果苗盆栽，在花市内就可找到，除了常见的金橘、金枣等冬天应景盆栽，也找得到番茄、草莓、柠檬、柚子、番石榴、莲雾、木瓜、桑葚等盆栽。而百香果、葡萄则属蔓藤类植物，需有棚架或墙垣方可种植。

花市里还有一些特别的赏果盆栽，如神秘果、嘉宝果（树葡萄）、蛋黄果等，它们的果实也都可以食用。

028

庭园适合种哪种香花植物?

A

香花植物很多，常见的灌木型香花植物有月橘（七里香）、桂花、茉莉、番茉莉、树兰、夜香木、含笑花、栀子花、玫瑰，还有蔓性的如忍冬（金银花）、使君子等，一般盆栽、小花圃皆可种。而百合、水仙、风信子等则属球根植物。乔木类香花植物则有白玉兰、洋玉兰、缅栀（鸡蛋花）等，还有柠檬、柚子等果树的花也十足芬芳，这类就要有稍大的园圃或大型盆器才适合。

029

可以种哪种不需要土的水生植物?

A

水生植物依其叶片与水面的相对位置，可分为沉水性、挺水性、浮水性和浮叶性，前3类的根都需要长在土里，只有浮叶性的植物根系无须固定。因此一般小水池或水缸可以种些大萍（水芙蓉）、布袋莲、槐叶苹、满江红、水鳖、浮萍等漂浮性水生植物。但此类植物多半繁殖速度快，常是河道、水沟堵塞的元凶，因此切勿任意弃置户外水域。

030

怕家里的小孩子被刺伤，哪些植物有尖刺呢?

A

小朋友因为好奇去触摸植物是常有的事，所以有些容易接触到的低矮植物就要小心慎选。植物的尖刺可能在叶片也可能在茎上，常见的如叶缘有小尖刺的芦荟；叶顶尖锐的龙舌兰；羽状叶尖锐利的苏铁；茎有尖刺的九重葛、麒麟花、刺葱、玫瑰；还有满布细刺的仙人掌等。另外，如香茅、林投等因叶缘锐利，也容易伤人。

031

哪些香草植物好种又方便食用?

A

香草植物大多数都可以食用，从泡茶、料理到薰香，都有其用途。其本身具有特殊气味，昆虫多不喜靠近，少有病虫害，栽培也不困难。所以可以说，除了不好种或不能食用的，其他都可以种。许多品种的薰衣草、鼠尾草都较难越夏，而百里香、薄荷、迷迭香、香蜂草、柠檬香茅、虾夷葱、奥勒冈等，则较耐热且好栽培。

032

庭院养有狗、猫宠物，有什么植物不能种吗?

A

只要是有毒性的植物，都怕犬、猫误食，如天南星科的黛粉叶、蔓绿绒、彩叶芋等都是常见的有毒庭园植物，麒麟花、杜鹃花也都含有毒素。还有节庆应景常用的圣诞红、仙客来、孤挺花、水仙等球根植物，都属有毒植物。若栽培有蔬果，茄科的番茄、茄子等植物的绿色茎叶也有毒性。犬、猫误食这些植物造成的中毒症状不一，大致会有流口水、呕吐、腹痛腹泻、四肢不协调等，严重的还会造成昏厥、肾衰竭。

033

水池边湿地可以种哪种水生植物?

A

可以种根在水里、茎叶挺出水面的挺水性水生植物，常见的有水性鸢尾、莎草、田字草、希望之星、珍珠兰、石菖蒲、水蕨、野慈姑、圆叶节节菜、水丁香、小木贼……种类非常多。它们不适合太深的水域，因此种在浅浅的池边湿地效果最好。

034

想要防蚊可以种什么？真的有效吗?

A

基本上，具有浓郁气味的植物都有驱虫作用，包括芳香天竺葵、香茅、柠檬桉、香冠柏都是花市常见的防蚊推荐植物。而香草植物中的薰衣草、迷迭香、薄荷、罗勒、万寿菊、茴香也有类似功用。这类植物只能让蚊虫不敢靠近，无法防止蚊子飞进室内。不过，多种点这类植物，并随时清理积水及环境，保持通风，则能避免蚊虫肆虐。

由于植物体内的气味必须散发出来，才能达到防蚊效果，因此建议植物应种在通风处，让枝叶随风摆动使气味自然散发。

035

用自制的辣椒水防虫，好像都没效?

A

使用辛香食料制作的防虫剂，如果能直接喷洒到虫，会立即产生效果，但如果只是喷洒在叶面，则会因分解太快而没有驱虫的效果。另外，材料用量不足或药剂过于稀释，抑或材料并未研磨，释放不出有效成分，甚至制好的防虫剂放置太久，都会使效果打折。此外，施用时也要避免阴雨天，以免药剂受雨水冲洗变稀。

036

花园植物太多容易长虫，要如何无毒地防虫？

A

可以使用天然成分的药剂，如苏力菌、苦炼油、窄域油、甲壳素、硅藻素、橘皮萃取油精、薰衣草精等喷洒；或用大蒜、姜、辣椒等材料自制的天然防治剂防治。平常也可将咖啡渣铺在土面上，但勿接近根部及叶片。还可放置黏虫板、诱捕器、捕虫灯等诱捕昆虫。

另外，在栽培上注意植物种类要多样化，包括种植昆虫较不喜欢的植物，如香草植物或辛香味重的葱、蒜、九层塔、香茅等。最重要的，栽植环境要保持良好通风，才不会成为害虫的温床。

037

蛋壳、果皮可以放土上当肥料吗？还有什么厨余可用？

A

蛋壳、果皮放置在土上，不会自行分解变成肥料，反而会腐烂发臭招来蚊虫。其中蛋壳内的蛋清是可以分解到土中，但量极少并没什么效果，即使蛋壳磨成粉混入土壤中，植物对其钙质的吸收也不好。而茶叶、菜叶这些当肥料效果也不好。

居家可以直接当肥料的厨余，就属洗米水和牛奶最好用。洗米水中有氮，稀释即可拿来浇花。牛奶中的脂肪、蛋白质植物虽无法直接吸收，但可使土壤微生物活化。牛奶须稀释500~1000倍再使用。

038

施肥时，要先浇水还是先施肥？

A

浇水和施肥的顺序并无一定的关联，必须视使用肥料的状态来决定。一般粉末或粒状的固体肥料，在浇水前后都可以施用，如果是施洒液态肥料，因其中已含有水分，则可视液肥的分量，当天浇水量可随之相应减少，也可不浇水。

039

台风要来了，庭园植物要怎么处理？

A

首先高处吊挂的盆栽要取下来放在地上，大部分的盆栽可以搬到屋檐下或靠墙处。至于露地种植的，则可先行修剪，让植株受风面减小，并适时以支架细绳加固，方可减少断枝或倾倒的损坏。台风过后，除了清理断落枝叶，还要检查土壤是否浸水，使植物根部泡水受损。这时容易感染病菌，因此要修剪枝叶，并施药防止病害发生。

040

庭园里到处有蜗牛怎么办？

A

蜗牛、蛞蝓等都是庭园常见的小动物，常藏身于介质中或盆底，会啃食新芽、嫩叶、嫩茎、花瓣、果实。市面有针对蜗牛的药剂，可买来防治。另外，可用自制的大蒜、辣椒防虫剂，或漂白水稀释10倍以上来喷洒。土面上也可放冲泡完咖啡的咖啡渣或苦茶粕，对它们也有驱逐的效果。

盆栽栽种

041

哪些生活容器可以当作不花钱的花盆呢？

A

原则上只要是可盛装土壤的容器都可拿来作花盆，如锅、碗、杯、盆、桶……甚至轮胎、泡沫塑料箱等都可以。但要注意的是，因为是摆在屋外，要能耐得住日晒雨淋，像纸盒类的、未上防水漆的木器、日晒过久易老化的塑料箱、易生锈的铁器等就不适用。此外，除了水生植物之外，大部分植物都需要排水条件，因此也要注意容器底部排水，可自行挖洞改造一下。

若只是拿来套盆使用，那就什么东西都可以用，就看个人的创意发挥了！

042

临时要出远门，盆栽该怎么办？

A

如果盆栽不多或间距较大，装设自动浇水系统的确划不来。所以，针对盆栽可以持续吸水的特点，最方便的方法就是将盆栽依盆器大小及植物习性分类，然后摆放到不同的浅盘内，盆栽要浇好水，盘内也装水，盘内水深依出门天数多少调整，最深不要超过盘高度的二分之一。但要注意有些不耐水的草花，可能会因此烂根。

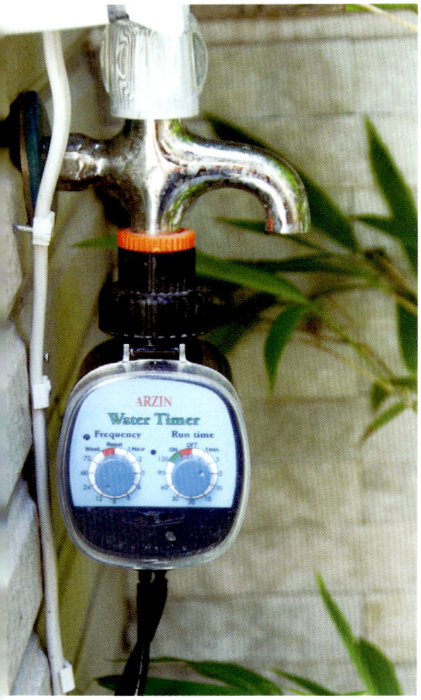

043

庭院植物大多都盆栽，适合用自动浇水设施吗？

A

一般花圃多用喷洒型的自动浇水设施，而盆栽适合用滴管式的自动浇灌系统。这种系统有一个安装在水龙头下的定时装置，再接出细长的管，可以按需要的长度分接出滴漏管，并插在各盆栽土内。另外也有一种简单的控水滴头，可以极为缓慢地滴水，只要装在大可乐瓶上，再挂于花器旁，即能当作自动浇水器用。

044

陶盆和塑料盆哪种好用？

A

两种盆器都很常见，也各有优缺点。塑料盆质轻、便宜是其最大优点，目前市面上塑料盆也有愈来愈多的款式可选，盆底也多附排水网。而陶盆类的包括色泽朴实的素烧陶盆及其他种类的陶盆，用起来会比塑料盆有质感，且形式多样，美化效果佳，也可以支撑较高大的植物，缺点是水分蒸发较快。

045

盆栽下放水盘会积水滋生蚊子，不放地面又会潮湿，怎么办？

A

水盘内积水除了滋生蚊子，也易使植株根部积水腐烂，最好在浇完水后的半小时就将水倒掉。其实户外地板清洗方便，不放水盘也行。

若有轻巧可搬的小盆栽，则可以拿到方便洗刷地面的固定位置（如排水口附近）再浇水。若为中大型盆栽或盆栽数量多，可在水盘内加放发泡炼石再放盆栽，这样能避免蚊虫滋生，还可保持水汽滋润植物。

046

为何盆外会有白色结晶体？

A

盆器外一层白白的结晶体，其实是土壤中过多肥料而形成的结晶盐，这是由于施用肥料后，未被植物吸收的残余肥料所日积月累形成的。这种情形称为盐害，会使土壤硬化、酸化，造成植物水分和养分吸收不均，而产生近似缺水的情况。若有盐害产生，最好换新盆、新土，避免影响植物生长。

047

盆内苗还小，要如何防止大雨时泥土溅出来？

A

如果植栽很小，那么大雨时雨打在盆土，盆土就可能溅出来弄脏地面及植栽。不妨在土表覆盖质轻且透气性佳的石子，如发泡炼石（陶粒）、麦饭石等，或者直接拿几块小石片盖在土上，不必完全遮掩，这样也可防止大雨时泥土溅出。

048

有简易的免浇水盆器吗？

A

市面上为适应无法浇水及满足省时省工的需求，推出愈来愈多的免浇水花盆。这类花盆大部分都是靠从盆底放置棉线、棉布等，利用毛细现象供给水分。或是利用此原理，在换盆时就先在盆底排水孔放置棉线，盆底下再放个水盘。目前市面上也研发出吸水棉管，只要塞进盆底排水孔，再将盆放于水盆中，就可以实现免浇水。

049

要怎么将植物从盆中移到花圃内?

A

盆栽植物要移植到地上，要先找好光线、通风都适当的位置，且要与其他植物保持间距。先准备依植物调配好的培养土。取出盆栽植物，看土团大小，于土中挖出一个比土团宽约20cm的坑，深度则比土团高度略深，但要注意坑不可上大下小。

挖出来的土与培养土及肥料混合好，先放一点混合土到坑内，再放入土团，土团上部可与地面平或略高一点，依需要再填土，并将空隙填满，最后浇水至土壤湿润即可。

050

盆栽太多显得凌乱，怎样才能布置成漂亮的小花园?

A

利用高低错落的位置来摆放盆栽，可以让花草看起来更有层次。也可以选择现成的花架，或者自行搭个小架子，甚至利用空心砖来堆叠也行。如果有靠墙的空间，也可使用吊盆、吊篮将部分盆栽移置墙垣上，多留一点地面空间。

植栽太杂乱会影响视觉效果，不妨为每盆植物好好修剪一下，不仅美观，更能保持通风，避免病虫害的发生。

051

盆土有哪些种类?

A

各种植物对土壤的要求不尽相同，一般盆土的种类有：腐殖土、腐叶土、山土、河土、塘土、砂等。

腐殖土非常肥沃，但在使用时须混合砂或普通田土，以利排水。腐叶土比较疏松，使用时也须用砂或田土混合。山土适宜松柏及杜鹃、兰花等。河土一般用砂或糠灰混合使用。塘土性质与河土类似，但较之肥沃。砂一般用于混合黏性土，便于排水。

露地栽种

052

一般庭园适合种竹子吗？

A

所有竹类植物都需要充足日照，照理只要庭园光线足够就能栽种，但其地下根茎会蔓延窜生，所以竹子多半密集成丛。

因此庭园若想种竹，最好慎选种类，且栽培于围砌的花圃内。小庭园建议挑方竹、紫竹、唐竹、凤凰竹、日本矮竹、内门竹等娇小的品种；大庭园则可种方竹、唐竹、葫芦竹、金丝竹、人面竹等景观竹。

053

院子已铺设水泥地，要如何制作简易的花圃呢？

A

要铺设一块覆土的花圃，必须保证排水顺畅，且下雨及浇水后土壤不易流失，也不会流出弄脏地面。如果日后不想移动花圃，可用砖头或石材围砌，往里面倒土即可。

若想采用可动式的，则自行用砖块或木桩将所需范围围起来，底部可先铺上塑料排水垫作固沙排水用，再铺上无纺布或塑料袋（如大型黑色垃圾袋，袋底先戳数洞可助排水），接着倒入土壤，栽种植物。

054

花圃种的香草植物一到夏天就生长不良，怎么办?

A

南方夏季动辄30℃以上的高温，让大部分不耐热的香草植物很难悠然度过，尤其由于不能移动，地上种植又比盆栽来得难越夏。香草植物怕热，只要土干了就要彻底浇透。阳光太强时要移到通风阴凉处，且要适度修剪保持植株通风和减少水分蒸发。

选择时也可挑容易越夏的植物，如薄荷、香蜂草、迷迭香、甜菊、罗勒等，它们为多年生且生长较旺盛，只要好好照顾，度过盛夏没问题。

055

庭园里的多肉植物遇雨就烂掉，怎么办?

A

耐旱的多肉植物不怕没水，就怕水太多。尤其高温多湿的夏季，若再加上连续阵雨或暴雨，多肉植物很容易烂掉。多肉植物中叶片带有绒毛的品种，如月兔耳、银晃星，沾水更易烂。因此栽培上需要全日照但又能遮雨的环境，可以放在庭院的屋檐下，或放在用PE塑料布或透明雨伞搭的遮雨棚内。

056

园内植物太多，如何将植物移入盆呢？

A

如果是草本植物，从比植物宽度略宽的土面挖出其根系土团，移入盆内后用培养土填满空隙，再浇水即可。但若是灌木、乔木等较大的植物，移植要选对季节，常绿树种可选在冬季休眠期；落叶树种则在落叶后，但未萌芽前的这段期间最适合。

移植前3个月要先断根，植株愈大要愈早断根，才能促进新根生长。断根要挖的土团直径，约为树干基部直径的3~5倍，且土团要保持完整。之后选择适当大小的盆器，盆器内先放入培养土，移入后将空隙填满，并浇透水，同时进行修剪，减少水分消耗。

057

落叶可以直接放在花圃土上做堆肥吗？

A

不行。这些枯枝落叶虽然是堆肥的好材料，若直接放在土面上是不会腐烂分解的，这样反而会成为病虫害繁殖的温床。如果不想浪费这些材料，建议可以准备为堆肥而设的堆肥箱，可不用覆盖使其跟空气接触，通过好氧菌发酵加速分解。

058

庭园树要如何施肥呢？

A

庭园树所使用的肥料跟一般植物无异，可看市售肥料包装物上说明来选择。乔木类因根系粗壮发达，施肥时要以能让根系吸收到为原则，最好的施肥处是树冠下的位置，树冠有多大就表示其根系范围也多大。将肥料围着树一圈均匀散布，不管有机肥或是化学肥，最好都略挖洞将肥料置入再覆土，以免肥分挥发并引来虫害。切记肥料不要洒在靠近根部的地方，这样反而没有效果。

059

庭院整地时，要如何清理杂草？

A

如果庭园土地荒废已久，重新栽植前要先整理，将土壤中的杂草及其根系、种子、石砾等通通清干净。杂草要连根拔起，因为多年生的杂草，留在土中的根系会再次萌发。可以先翻土并浇灌大量水使土松软，这样杂草连根拔起来较不费力。若数量太多或无法清干净，可使用除草剂；但若采用天然无毒方法，则可用火烧的方式清除。

060

院子里常有小飞虫出现怎么处理？

A

通常庭园会出现的飞虫不外乎瘿蝇和小果蝇，会吸引它们的不是植物本身，而是潮湿又含有机质的环境，所以庭园的积水处及落叶堆积处，都是昆虫生长的温床。要杜绝蝇类滋生，还是要从改善环境着手，随时清理落叶枯枝，注意水盘、浇水壶等容器及地面角落不积水。另外记得施肥后要覆土盖住，以免吸引蝇虫；土表上也可铺上细砂或碎石防止蝇虫产卵。

061

土内石子太多要如何清理？石子要如何处理？

A

土内的小石子若数量太多无法一一捡除，可使用筛网，边挖土边过筛，清出来的石子不可当成垃圾丢弃，尽量废物利用，可以铺在庭园中，预设的小径下，以防止石板或木板下陷；或者加入水泥砌小水池、花圃等。

062

花圃要填大量的土，如何找土？

A

整个庭院要铺满土，当然不可能买一包包的培养土，那样太贵也太费力。可以通过花农或家住乡下的人寻求田土；或者向培养土供应商购买大量未包装的培养土；走一趟花市，向专卖培养土的业者询问也行。然后依所需来调配腐殖土、砂土、培养土等比例。

063

院子有一小块花圃，可以直接用来种菜吗？

A

种菜需要干净的土壤，这样长出来的菜才能放心食用。如果那块花圃曾种过其他植物，土壤内可能遗留有病菌及杂草种子，因此种菜前一样要先清理土壤，将土上的所有植物及土壤内的根清除。再者，原本的土质不一定适合种菜，可以在翻松土壤的同时加入有机质改良，使土壤松软肥沃。接着让土壤曝晒几天杀菌，才算完成种菜前的准备工作。

064

花圃的土面都会有杂草长出，要怎么防止长杂草？

A

随风飘散的杂草种子会落在各处，若杂草不多可以用手拔除，但要防止杂草滋生并不容易。可以在土表铺上不透光的物质，例如碎石子、稻草、树皮等，阻断杂草生长所需的光线，这样即使有杂草，根系也不会太深，较易拔除，又能使土壤保湿，一举两得。

草皮铺设

065

想铺草皮，有哪些种类可选？

A

常见的草皮有假俭草、百慕达草等，都是耐热、耐旱、生长速度慢、低维护的草种，它们都需要充足的阳光。若花园日照稍差，则可选较耐阴的玉龙草、地毯草、类地毯草、翡翠草、奥古斯丁草等。

066

铺草皮前地面应如何处理？

A

铺草皮前一定要先整地，将土内的杂草、石砾清理干净。其次，应提供排水良好的环境，所以在翻整土壤时，可加入泥炭苔或培养土等改良土壤；若土壤排水不良，则可先铺一层碎石或排水板，再覆以无纺布，最后铺厚5~8cm的土并压实即可。

067

铺草皮要注意哪些事项？

A

可以自行播撒草种子待其成长，或可直接购买草皮。现成草皮必须紧密贴地铺上，可放上木板并轻踏，用人的重量让其与土密实。刚种时每天都要浇水至土壤湿润，前两周踩踏，以让其尽快长出新根。

068

如何保养草皮？

A

大部分的草皮都需要通风透气且排水良好的环境，即使是较耐阴的品种，也要有半日照以上的光线。浇水约每日一次，避开日照强的时段，若天气阴凉则每周1~2次，但刚种时早晚都要浇水。约春、秋两季施洒氮肥为主的肥料，以促进生长旺盛，用量可参照肥料包装物上的说明，勿施过量以免草变枯黄。

草皮高度在5~8cm较适当，若太高就需要修剪，夏季生长快可修剪至2~3cm。在生长较慢的冬季，则留4~5cm长为佳。小面积修剪可使用除草剪，大面积修剪就要用除草机了。

069

草皮为什么会枯黄？

A

只要水分、日照不足，草皮都有可能枯黄。若是新植的草皮，没几天就枯黄，通常是由于水分不足，只要勤浇水，且避开日照强烈的时段浇水即可返青。排除水分和日照的原因，也有可能是草皮修剪得太短，或养分吸收不均。各式草种的恢复期不同，不一定能马上重现绿油油的状态。如果真的无法挽救，那只好重新铺设或撒种草皮。

070

草皮上有杂草要怎么处理呢？

A

草地上虽然都是草，但若出现杂草，除了影响美观，更重要的是可能破坏原草皮生长。因此出现杂草时，可以人工拔除，将杂草连同根系拔起，效果最佳。若杂草数量太多，不想费时费力，则不妨适度修剪草皮，即可同时剪断杂草的叶片，使其无法进行光合作用而继续生长。当然也可使用除草剂，但要小心别污染环境。

071

草皮秃秃丑丑的怎么办?

A

草皮容易秃不外乎过度踩踏、病虫害、排水不良等原因。建议每年可在草皮上补一层细砂土，若坑洞面积较大影响观瞻，则需要重植，即将该处土壤翻松后，取草皮的茎重植，或直接洒下种子，更直接的方法便是再买一块草皮植上去。

补草后要勤加浇水和修剪，修补期间要小心不要再践踏，不妨用竹条或木条将补草区域围起来，或设置明显的标志，以防践踏。

072

已为水泥地，还有机会铺草皮吗?

A

一般草的根系不发达，只要在水泥地上填土就可铺草皮。只是由于水泥地经日晒后会很热，如果土层不够厚，草皮就容易因热而干枯，因此土的厚度至少要30cm才行。只要在水泥地上铺上排水板，盖上无纺布再覆土，就可以铺草皮了。

另外，市面上也找得到拼贴草皮垫，就像一块块的方形容器，里面可覆土种草皮，优点是可移动，拆组方便。

资材运用

073

庭院树枝太密，剪刀剪不动了，要准备什么样的工具？

A

灌木或乔木类的植株，因枝条较粗硬，普通剪刀可能无法剪断，最好选择专业的园艺剪，才能修剪较粗的枝条。如果植株举手可及，可使用刀锋呈弧形的剪定铗。面对较大、较高的植株，则可用树剪。铁剪一般有木柄或铁柄，有长有短。要是修剪直径超过3厘米的枝干，则建议使用锯子。

074

墙面、空调、管线可以怎么修饰？

A

修饰墙面最好的工具有：一是植物，二是篱笆。一般园艺资材行都有卖各种尺寸的篱笆，有伸缩的竹篱笆，也有格网状的木篱笆，还有仿木纹的塑料材质篱笆。篱笆上吊挂盆栽及装饰物也很方便，用铁丝、魔带、束绳等固定即可。

空调器室外机也能用篱笆来修饰，但由于空调器会排出热气，其附近不适合再摆放植物。外露的粗管线，可用竹条、木条遮蔽。若是短一点的水管，则可用麻绳或装饰绳来缠绕，或者配合庭园色调涂漆亦很简便。

075

有没有可移动式的花圃资材呢？

A

你可以参考问题053，或是用更简易的方式，将数盆盆栽集中，围上木桩、石砖等，看起来就像是花圃了。此外，市面上也有可供组合的现成栽培箱，只要依需求横向或往上组合，就有花圃的效果，虽然形状只有方正的，但方便拆组，符合可移动的需求。

076

想要种瓜类及百香果，要如何搭棚架?

A

瓜类和百香果都属于蔓藤类，需要搭棚架支撑，才能有利生长。一般棚架多由数个支架固定，支架通常用竹子、木杆或铁杆，也可废物利用，用家里的晒衣杆、扫把杆，杆与杆间用铁丝或塑料带绑扎牢固，最后再挂上格网即可。

077

要石砌整齐的墙面，有哪些石材可选择?

A

如果要较整齐的墙面，可以选择白花岗石、黄花岗石。而花岗石滚圆则是将平整的石砖边缘磨圆，较无棱角。花岗石的色彩朴实，若要多点色彩，则可选择彩色板岩。

078

要石砌有层叠感的墙面，可用哪些石材？

A

若喜欢墙面砌石有层层叠叠的美感，可选用黑板岩、绿板岩、粉结晶石等。层叠中还想要有石块本身不规则的形态，则可选择自然黑板岩、枫港石等。另外也有用大小不一的石块堆砌的墙面，通常用埔里石、黄木纹石材等堆砌，呈现出另一种质感。

079

长辈无法蹲下整理花草，花台应如何设计？

A

花草不一定要种在地面上，可利用花坛或花架等，将花草位置移高，让长辈坐轮椅时手刚好可以整理花草，此时花草高度约60cm。如果是盆栽，可以搭建花架或阶梯摆放，或者买现成的免弯腰花架。若花园面积较大，可请景观公司设计花坛，花坛围砌的边留宽一点，可当坐椅；或请木工加工支架及大点的栽培箱。另外，市面上也有可拆组的花架供选用。

080

如何自行在庭园内装设太阳能灯?

A

为了节能及安装方便，不妨选择专供庭园使用的太阳能灯。此类灯具多半可直接平放，或底端有尖头能插入土中固定。其太阳能板白天吸收太阳能，晚上即可照明，不用埋电线。唯灯光多为白光，且造型单调，灯光强度亦不足。

081

在庭园里装设普通照明灯要注意什么?

A

若要装设普通照明灯，则电线尽量隐藏在不起眼处。可利用各种物件，如藤球、灯笼、有孔洞的器皿、锅具、钢管等造型，让庭园更富创意感。

082

庭园可使用的木材有哪些?

A

基本上经过防腐处理，即上过护木漆料或防腐涂料等，能耐得住日晒雨淋而不会产生龟裂的木材，都可以使用。

若是现成的庭园用木材，则有目前最常见的南方松，还有铁木、赤杉、云杉、胡桃木、榉木、加州红木、紫檀木等。南方松中包括了长叶松、短叶松、湿地松、火炬松等树种，其材质强韧、用途多样，涂料最好选择无毒、环保的防腐剂品种。

地板铺面

083

铺地用的石材或砖头要去哪里买？

A

砖头到一般的建材店就能购到，而石材得找专业的景观石材公司，或从网络上找，资讯会更多元。石、砖等材料因为重量不轻，少量的可自行运回家，数量多的请店家协助搬运。

084

铺地用的石板怎么选？

A

铺地石板的材质很多，有灰、红、黄等多样色彩的花岗石，呈现自然平板状的板岩，颜色灰青深沉的青斗石、玄武石，还有较少见的铁平石、黑洞石等等。石板的形状也很多元，且表面多经过处理，可分为较细致的荔枝面或粗糙不平的菠萝面，都具有防滑功能。

085

石板应如何铺地才好用？

A

铺地时可将石板直接放于草地上，但底下要放点碎石以防下陷。或搭配石子作小径踏石，也可以方形石板或石块拼出步道。

086

铺设的石板小径会陷到泥土中，要如何改善？

A

石板是很重的，如果底下的土壤不够结实，放久了当然会往下沉。遇到石板下陷，就只好撬开石板重新铺设。可将土壤压密实，确定石板摆放位置后，先在该处挖洞，填上碎石，再放上石板，能防止石板下陷。

087

铺在地面上的小石子怎么选?

A

石子种类太多了，可按所铺位置的色彩及范围来选石子。最常见的，白色的有特白石、鹅卵石，容易变黄；黑色的有黑胆石、黑卵石、黑胆扁石、宜兰石、芝麻圆石；偏淡黄色的有玉碎石、薄荷石、山宝石等；粉红的有曼特石、玫瑰碎石、玛雅石等；色彩杂陈的有海底石、霓虹石、三采石、彩斑石等。此外还有沙滩风格的米贝石、珊瑚石等。

088

铺在地面作景观用的石头大小有讲究吗?

A

景观用石头的大小不一，尺寸各异，计量单位小至毫米、厘米，大至分米、米，铺地石子面积小者，宜用小石，面积大者，则可穿插大、小石，以呈现不同的质感。

089

地面上的石材会长青苔吗？如有青苔如何处理？

A

青苔一般容易在很潮湿的环境下生长，如地上长期积水不干。为了预防长苔，排水就相当重要，尤其是自行铺设的地面，石子或木材下都应铺设排水板，这样冲洗地面或大雨过后水分才不易滞留。若因过于潮湿而长苔，最好要清理，最简便的方法可用稀释的漂白水遍洒后再刷除。

090

地面铺砖会湿滑吗？有哪些种类地砖可选？

A

庭园要选择专用的地砖，才不会产生湿滑现象。庭园用地砖要比室内用的瓷砖来得耐磨、硬度高，表面粗糙不积水，可以防滑，此外还具有透水、透气等特性，可让雨水渗透，并能快速散发热量。

庭园用地砖样式很多，有公园常见的连锁砖，也有各种色彩的方形砖，拼起来较整齐。若想呈现不同风格，还有表面已有马赛克或拼花等各种纹路的欧式复古砖，或是不规则拼贴的板块地砖。而表面似镶满小石的抿石子地砖，还可为庭园地面带来立体感。

091

庭院花园可以自行铺木板吗?

A

庭院内铺设的木板，要以户外专用或经过防腐处理的为主，材质上有浅色的南方松、较深色的原木等。最简易的方式是先铺一层排水板，再铺上现成的方形庭园用木板，以方便排水，有些在木板下已装有排水板，使用十分方便。

若为大面积的露天庭院，想铺设密合型的木地板，则要向建材行订购木板条，再照正常的铺木板程序铺设。

092

铺植草砖有什么好处?

A

庭园若铺水泥或铺砖，底下的土地将无法“呼吸”，所吸收的辐射热也较难散出。但若全部铺草皮或种植物，也不方便活动。铺设植草砖就是较折衷的办法。镂空的植草砖有供绿草生长的空间，让土地也能适度呼吸；能承受重压，让草不会因踩踏或轮胎压碾而夭折，用来作活动场地或停车场很方便，不用担心大雨来袭满地泥泞。透水性佳的植草砖也可防水冲刷土壤，还能储水保持草皮湿度。以往的植草砖都是水泥制成的，现在则有PP（聚丙烯）材质的植草砖，搬运更轻松，形状上也有方块、圆形、条状等。

093

庭院盆栽多，浇水后地面常积水，又难清理，要如何改善呢？

A

会积水表示地面不够平整，在无法时时移动盆栽清理的情况下，很容易积水的地面就会滋生蚊虫。建议最好将盆栽不落地摆放，可利用木板、石板、空心砖等搭建花架，或选择现成的阶梯式花架将盆栽摆放在花架上，让地面容易清洗。此外，盆栽也不能摆得太密，应留有适当空间，方便清理并保持通风。

094

排水孔会被落叶或泥沙堵住吗？如何保持通畅？

A

排水孔的孔径不大，如果有大量的落叶、枯枝或沙砾掉进去，当然会堵住而无法排水。要预防排水孔内进入这些东西，其周边可堆放一些碎石，用来阻挡落叶、枯枝、沙砾等，再在排水孔上覆以网眼较小的不锈钢网，防止泥沙等进入。此外，市面上有一种可接在排水口的排水器，内部有过滤层，可以向园艺器材店洽购。

水景装设

095

想要有个漂亮的水缸养水草，不知怎么挑选?

A

在园艺上此称水钵，有圆形、半圆形、方形、长方形，还有不规则的，其大小、深浅及高矮不一，可落地摆放或架高摆放，依个人喜好而定。水钵多为陶制及石制。陶制水钵质朴典雅，石制水钵则较有石块本身的不规则形态，极为自然。依石材不同，有溪石、青斗石、花岗石、圆土石，还有观音石、蛇纹石等水钵。

096

如何自己制作水池景观?

A

造景用的水池或水缸是现成的资材。若想在花园内简单自行制作，则可准备塑料布及石块，将地面挖坑，铺上塑料布（或放入水缸亦可）后，周边用大石块压住固定，再注水，放入植物即可。水池内可装水泵制造流水效果。石块周边则可覆以卵石或栽植花草修饰。

097

水池是否容易滋生蚊子？如何预防？

A

水池会吸引蚊子前来产卵，如果是水不会流动又没有天敌，那么蚊子当然容易滋生。预防的最好生态方法，就是在池内养鱼，蚊子和其幼虫——孑孓，是所有鱼类的最佳食物。只是普通造景池的溶氧量不足，所以能养的鱼种有限，以养大肚鱼、孔雀鱼、盖斑斗鱼等效果最佳，而且价格低又好养。

098

如何让小水池或水缸的水，有流动循环的效果？

A

如果只是简单流动循环，可以购买小水泵，有些还附有水流调节器或过滤器，只要安排好出水和进水，接好电源即可。小水泵功率大小要视水池深度、大小而定。可向园艺器材店或水族店询问、购买。

099

想换掉使用多年的玻璃水缸，除了丢弃还可以怎么运用？

A

淘汰掉的玻璃水缸，直接丢掉总觉得可惜。其实可将玻璃水缸当成另类盆器，转换成多肉植物盆器为沙漠花园造景，或运用其缸形封闭、水汽容易集中的特点，栽种喜欢高湿度的蕨类、猪笼草等，成为室内或花园的另一种装饰景观，也是很不错的运用方式。

100

栽种水生植物要注意水面的高度吗?

A

生长习性的不同，水生植物对水位高低的要求也不同。漂浮植物最简单，只需能使其漂浮的水深即可；沉水植物的水深需要超过植株，使茎叶能自然伸展；水边的湿地型植物则需保持土壤湿润、稍呈积水状态。挺水植物由于茎、叶会挺出水面，需保持50~100cm的水深。浮叶型植物的叶柄或茎，虽然会随着水的深度伸长，但买回来时还是先依照植株现况，保持同样的水位高度，会有最佳的观赏性。

101

要用哪种容器来养水生植物比较合适?

A

任何可以长久盛水的盆器都可以，从放在阳台、顶楼或庭院的大容器，到摆在室内任何明亮处的小陶缸，都可以养水生植物。建议尝试养一些对光线要求不高的漂浮植物，例如放两三株槐叶苹或浮萍在陶盆中，或是在玻璃容器里植入几株水蕴草，再放入几只小鱼一起养，就能让心绪得到放松，好不惬意。

C 景观设计步骤

01 施工前准备

· 测量放样：将设计图上的东西（如步道、水池、花圃……）依比大到施工的尺寸，并在现场测量、定位后标示。
· 环境整理
· 垃圾清运
· 水电确认：若无或使用不便，要设置临时水电供应管路
· 安全设施

02 给水、排水

*须预埋日后给水管及排水设施

· 窨井
· 集水井
· 截水沟
· 沟渠
· 水电管线资材（各类水管、电线管）

03 硬件设施

*需要浇灌水泥或砌砖作业
*金属结构作业

· 围墙、矮墙、挡土墙
· 花坛、花台、花架
· 平台
· 各基座或底层
· 坐椅
· 水景
· 假山
· 棚架或其他需金属结构

04 硬件外观装修

*硬件设施完成结构体后，外观用不同材料修饰

· 木作装修
· 竹制品装修
· 石材装修（不同石材价钱差异大）
· 石材或雕刻订制品（如窗花、水钵、水池池缘、柱体等）
· 石子装修（包括洗石子、抿石子、磨石子等）
· 砖材装修（包括瓷砖、马赛克、陶板等不同材料）
· 油漆或其他涂装作业
· 玻璃
· 金属设施的加工
· FRP（玻璃纤维强化塑料）、GRC（玻璃纤维增强复合材料）、GF（玻璃纤维加强石膏板）等特殊材料

05 地板铺面

· 原木铺面
· 合成木、仿木铺面
· 石材铺面
· 卵石铺面（平铺或嵌入地面如健康步道）

	*整个地板铺上各种铺面材料	· 步道踏石板 · 石子铺面（包括洗石子、抿石子、磨石子等） · 砖材铺面（厚度较薄，如马赛克瓷砖、复古砖、陶砖） · 水泥砖铺面（厚度较厚，如透水砖、平板砖） · 植草砖铺面 · 水泥地板 · 压花地板（依附在混凝土面层的压花材料） · 纸模地板 · PU（聚氨酯）地板 · 玻璃砖
06	**防水工程** *通常用于屋顶或阳台庭园	· 沥青防水层 · 水泥砂浆防水层 · 弹性水泥粉刷 · 其他防水材料
07	**照明安装**	· 各式造型灯具 · 灯管、灯泡 · 管线配置 · 灯具安装 · 控制系统设备
08	**浇灌及水景设施**	· 自动喷灌系统 · 滴灌系统 · 水池循环系统 · 水池净化系统 · 特殊水景装置（如各式喷泉、瀑布等）
09	**其他景饰**	· 庭园家具（各种桌、椅、摇椅） · 景观石材 · 雕刻、雕塑品 · 休憩游乐设施（滑梯、秋千、攀爬架等） · 各种摆饰
10	**植物及栽种**	· 铺地植物（草皮或地被植物） · 花圃植物（草花、观叶植物、灌木、乔木） · 围篱植物（灌木、藤蔓） · 种树（乔木、支撑架） · 整地

Houset

屋顶花园篇

第三章
屋顶花园案例

o p

案例
01
盖在货柜屋上的
水塘花园

资料

花园类型 / 水耕栽种为主

座向 / 西向

主要植物 / 水生植物、蔬菜

设计者 / 崧荃造景艺术 · 廖煌武

在这个案例中，廖煌武是屋主也是设计者，他发挥最具童趣的想象力，重新为自己和家人打造了一座葱郁的森林。放眼望去，两樟树、枫香、小叶榄仁、面包树、龙眼、水茄冬等树木，错落在货柜屋之间和周围，为西晒的二楼住家、仓库和一楼的办公室及施工区，提供凉爽的绿意。胆大心细的他，更利用货柜的高承重性能，直接在楼上放置水池，放养小鱼和水生植物。每个周末的清早，当太阳刚刚升起，微风吹进这个有树、有水的顶楼花园，就是他和儿女们最珍惜的时刻。

窗户前的支架，是为了尝试种豆类蔬菜所拉设的。

前露台摆放的木桌椅，夜晚就成了家人朋友泡茶聊天的地方。

购买的浮板，是花园水培蔬菜的重要工具。

创意聚焦 01

树是花园的灵魂支柱

对廖煌武而言，树不仅代表着童年的记忆，更是安定人心最直接的力量，也是代表大自然最基本的元素。因此，来到二楼客厅前的露台和两个货柜屋中间的花园，都能看到从楼下挺拔生长的树丛。它们成为整体视觉的重点，例如，绿叶茂密的樟树，配合着黛绿远山，让坐在客厅大落地窗前的人，拥有置身森林的视觉享受。

而位于货柜之间的小叶榄仁，不但让狭长形的花园有了高低层次，同时让楼下的室内空间形成一个天井。踩踏着树干旁的木板时，还能感受到水边的蕨类和莎草轻拂，强化了树林里的氛围。

这棵小叶榄仁，让楼下多了个采光、通风的天井。

竖立在货柜屋之间的小叶榄仁，是营造森林气氛的主要元素。

客厅前阳台的樟树，视觉感极佳，是儿子最喜欢爬的树。

创意聚焦02

流动活水带走顶楼热气

在二楼客厅与隔壁的仓库之间，廖煌武保留了一东西向狭长形走道，利用底下的货柜屋顶支撑力，放置了两个大型不锈钢水槽作为水池，并以厚实的柳安木板作为木道，让家人可通过之字形的木道，穿梭在满是流水的花园里。

为了营造出小溪的急流状态，还设置了水泵及过滤循环系统，让全区的水不断流动回收。池底放置的大大小小石块，形成了小鱼的栖息天堂。把脚浸泡在凉水里，不但热气全消，小鱼还会来轻轻“按摩”呢！

受到父亲的影响，小小年纪的儿子也喜欢逗留在花园里。

买现成的排水板，就能当作盆栽的夹层使用。

水槽底下放置的石头和水草，是为了营造小鱼的生长环境。

创意聚焦03

水培栽种好清爽

为了配合水池的造景条件，也为不喜欢土壤栽种的泥泞，花园里的植物索性都以水培方式种植。水池边除了鸢尾、笔筒树、轮伞莎草、姑婆芋、萍蓬草、肾蕨等水生植物，廖煌武也运用好友提供的浮板，试着种苍柏和辣椒、韭菜、九层塔等蔬菜，看着水中飘浮着一盆盆的蔬菜，格外有趣。

花园前端的野趣水意丛林景观与后面设有豆类攀爬的棚架的蔬菜栽培区，是两种全然不同的景致，通过水的流动，都变成了家中窗外的自然美景。

用水取代土壤栽培，让花园整体干净凉爽了起来！

花园后半段是蔬菜栽培区，种的量虽不多，倒也让家人采收过好几次了。

以浮板栽种的韭菜，整齐排列在木板步道旁，方便照顾。

案例 02

宝石般奢华的屋顶花园

资料

花园类型 / 覆土栽种和盆栽栽种皆有

座向 / 四周无遮蔽物的平台，无座向之分

主要植物 / 草花、木本植物

设计者 / 大汉设计工程有限公司 · 徐世萃

这是一座都市公寓大楼的屋顶花园，在花园里远眺，景观明媚。因此，景观设计师构思时必须掌握两大重点：一是屋顶花园的整体景观设计必须要丰富且引人入胜；二是为住户设想，屋顶花园必须是一个真正实用、可以休闲赏景的区域。

整个屋顶花园的面积甚大，有基本的硬件设施，如凉亭、游泳池、休闲桌椅等，因此植栽分成几个区域。花园的东西两端都有凉亭，凉亭的周围环植花木，让人坐拥绿意。而由凉亭延伸且连接的花台，遍植多种花草，例如中东海枣、狐尾椰子、细叶七里香、黄钟花、迷迭香、彩叶草、龙舌兰等等，令人目不暇接，表现丰盛的奢华感。身处花园中的任何一个角落，都可以欣赏到花草树木。

沿着女儿墙，配置高低相间的大型盆栽，例如罗汉松与重瓣非洲凤仙花合植或香草植物的迷迭香。迷迭香可因风的吹动或手的触摸而散发出令人愉悦的香味。

由于地处都市，设计师特别重视屋顶花园的灯光安排，除了提供夜间照明的基本功能之外，更刻意安装了射灯，使夜间的屋顶花园仍呈现出奢华与丰盛。

嘉宝果俗称树葡萄，喜欢温暖、湿润及全日照，根系浅，较不耐旱。主要开花期为3月~4月及8月~10月，开花期间需充分给水，水分不足容易落花，花后可结果，果实成熟需30~60天。

创意聚焦01

花园仿若世外桃源

花台沿着女儿墙设置，以留出宽敞的活动空间并摆设休闲桌椅，让使用者可以在花园中悠闲地逗留。每一块花台的植物都不同，即使是都种了变叶木，也必须选择多样的叶色、叶型，避免重复感。花木配植一定要有层次，例如高的中东海枣、较矮的黄钟花以及矮的变叶木或是木春菊、彩叶草等搭配，使四季的花色有变化，不同的季节皆有花可赏。

通常顶楼的日照强、风大，水分蒸发快。尤其这座屋顶花园面积颇大，栽种的植物数量多，对于水分的供给不可大意。因此装设自动浇水系统，每日定时、定量供给水分，让植物生长良好。

这座花台朝北，因此栽种一排高度超过女儿墙的罗汉松绿篱，不但可以提供遮蔽，在冬季还可以阻挡东北季风，保护较低矮的植栽。

宽广的屋顶花园，近观可以欣赏花园中的花草树木，远眺则有令人陶醉的山景。随意坐在凉亭里，甚至是在泳池中畅游、戏水的时候，放眼望去，花园与山景融为一体，仿若世外桃源。

创意聚焦02

大型盆栽提升花园质感

在屋顶花园建花台或露地覆土栽植，比较费事，可适量利用中大型盆栽来装饰，既省事又容易有变化。

例如在每处楼梯旁的平台上，以及游泳池的周边，利用大型的多年生花卉盆栽布置美化。其中，大型盆栽中的细叶七里香修剪成球形，延续花园中几何造型的花木，维持统一风格，不但增加整体设计的变化感，更提升了花园的精致感，也增加更多赏花的角落。

游泳池的周边，不适合建花台，所以最简单的方法就是运用大型盆栽美化。白的盆器适合种植细叶七里香与重瓣非洲凤仙花。细叶七里香修剪成球形，搭配一排舒适的躺椅，从不同的角度观赏，都有不一样的视觉美感。

楼梯旁的平台上，用中大型的多年生草花盆栽布置美化。陶盆里的黄色情人菊、红色的新几内亚凤仙花点缀着阶梯。有时候在不起眼的位置给予花草装饰，无形中可以增加花园的质感。

创意聚焦03

巧妙修剪的造型植栽

这是整个花园的中段，一边是游泳池，另一边是面积最大的区域。除了旁边有高大的狐尾椰子外，其余都是高度2米以内的草花、灌木、乔木，例如蓝柏、圆叶榕、茶花、斑叶海桐、岩山椒、马缨丹等。

大部分的植栽都以修剪造型来表现设计主题，也就是呈现宫廷式的造园景观。造型植栽仿如宝石般配置在花园中，草花点缀出颜色，表现出丰盛的奢华感。

即使是女儿墙的柱子顶端，也有修剪造型的黄金金露花与重瓣非洲凤仙花。

屋顶花园面积较大，有许多可以游走及憩座的空间。其中面积最大的区域是封闭的，两端边缘有景石、龙舌兰以及低矮的绿篱，只许观赏，并未允许走动，突显其珍贵及格调。

植栽虽经过修剪，一样具有高低的层次。沿着女儿墙栽种了容易生长、会开花又耐修剪的马缨丹，为花园增色不少。

案例
03

现代
日式水景庭园

资料

花园类型 / 覆土栽种

座向 / 南向

主要植物 / 罗汉松、红枫、水生植物

设计者 / 大汉设计工程有限公司 · 徐世萃

“水”在日式庭园中是很重要的元素。水可以营造流动感，水流动的声音、滴落的声音，以及水溢流而出的情境、漾着波光的水面等等，这些由水产生的听觉、视觉甚至触觉感受，让人在观赏庭园景观时，产生宁静致远的情绪与心境。

位于都市的大楼住宅顶楼，主人拥有一个大面积的户外空间，更难得的是他想打造一个日式庭园。他告诉景观设计师，希望可以在庭园中休闲、赏景，要有水景、溪流……一般人光想到防水、地板承载等问题，恐怕会先说服自己放弃这种奢想吧！但是他信任景观设计师，也尊重专业的建议，在自己的梦想与景观设计师的专业之间，取得一个最佳平衡点，于是得到了一个现代日式庭园。园中有一个想象中的流水及无边际的水景，圆了主人的梦想。

庭园中有3类不同的铺面，一类是软式铺面——草皮，和另两类的硬式铺面——南方松平台与石板。鲜绿柔美的草皮衬托庭园的美，石板铺面放置了休闲桌椅，南方松平台则是依照需要随时可以放上低矮的日式桌椅或坐垫。

成排的桂竹沿着墙面栽植，桂竹下有古朴的日式石灯、踏石、景石，还有偃柏、蕨类植物、松叶景天、玉龙草、造型七里香等，衬托着蜿蜒的水道。

创意聚焦01

水写出庭园的意境

由于水在这里转折，因此在这个位置营造一个小景，连带处理了靠近屋宅的角落。一棵优雅的日本红枫栽植在水道的转角处，较低层次的植栽有低矮的圆叶榕、七里香，并以玉龙草作为地被。再过去的屋宅角落，因为光照较少，比较不适合种植花卉，所以索性设置了鹅卵石铺面，然后摆放白水木盆栽，同时利用这个位置来放置音响的喇叭。

特别值得一提的是这棵低矮的圆叶榕，其形态别致，向一侧延伸掩过水道，营造出岁月感，也点出庭园的意境。

白水木是常绿灌木或小乔木，叶片有白色绢毛，绿中带白，如巨大的绿色花朵。其树形优美又容易栽种，喜欢高温多湿，耐旱、耐风。将白水木盆栽放在屋宅角落，非常雅致耐看。

利用圆叶榕的造型，突出庭园主题。

景观设计师发挥小巧思，将喇叭嵌在石头内，避免日式庭园中摆放喇叭的突兀感。

创意聚焦02

沉静的现代和风庭园

庭园的东南边角落有一株造型罗汉松，它是庭园的主树。因为男主人喜欢罗汉松，便让这棵罗汉松成为水的源头。从一块低矮的直立石涌出水，开始了水的流动。一道蜿蜒的小渠仿佛从外面引进了溪水，从庭园的围墙边缓缓流过，流入庭前的水池中。注满水的池，水面如镜，映射着庭园中的绿意，映射着天空的阴晴、月色清朗或是浮云蔽月以及四季的变化。当观赏者走进庭园，运用其想象力用心观赏，与庭园中的种种设计互动，这个庭园才呈现出百分之百的完整。

由上往下眺望，红绿相间的日本红枫、如茵的草皮、修剪造型的低矮植栽三五成组、蜿蜒的水若隐若现……“水景”是日式庭园中的特殊景致。

从石头涌出的水，开始了水的流动。整个水系装了自动循环系统，从石头涌出水开始，水流过蜿蜒的水道，然后流入水池中，通过过滤装置，再回流到涌出处。

创意聚焦03

低矮植栽避免影响远眺

庭园正前方是水景，再往前还有一块长方形的区域，于是用客土造了一个小坡，以便栽植花木，营造水池前的景致，其实这也是水景的边界植物。这些边界植物的形状、大小需要有理想的比例，同时需考虑植物的质感，更要避免高的植栽，因此灌木型的花木比较合适，才不会遮蔽远眺的视线。

沿着女儿墙种的一排罗汉松绿篱遮掩住女儿墙，配植修剪成型的福建茶、杜鹃、七里香、龙柏等，再将三五株植物种在一起点缀景石。

低矮的景石边，造型茶树延伸出树枝，并垂向水边，营造出优雅氛围。

创意聚焦04

迷你艺术走廊

走出屋宅的门来到庭园，会先通过一段窄长走道。由于这个走道的光线欠佳，因此地面只铺以大块长方形的观音石，石板之间铺放鹅卵石。站在门口往外看，一方水池与绿意令人向往。

由于窄长走道光线不佳，因此在左边墙面特别加以布置，利用可更换的盆栽装饰美化，就像迷你的艺术走廊。

案例
04

考虑实用与
美观的花园

资料

花园类型 / 覆土栽种

座向 / 北、南向

主要植物 / 草花、木本植物

设计者 / 惟薪景观设计工程有限公司 ·
刘木煜

打造花园的目的是为了能让使用者休憩、停留。当生活功能融入花园设计，花园自然能吸引使用者进入。

利用走廊串联南、北向的顶楼花园，以符合社区住户的使用功能。景观设计师在原有的公共空间，各自依照不同功能规划出妥当的空间，如北面花园规划拥有玻璃落地窗的茶室、烤肉区，南面花园则设有晒衣间、儿童戏沙区，让顶楼花园有举办各种活动的可能性。以大量草皮铺地保护幼童，设置户外休闲坐椅供人休憩，栽种香花植物使人心情愉悦，美化原有的音响喇叭与灯具……所有的设计环节都蕴含了对使用者的贴心考虑，使公共顶楼花园成为人们向往的自然天地。

南向花园因使用功能较多，植物配置较简单，避免空间过于杂乱。

北向花园风势较大，设计师多选用生命力强的植物，如石斑木、斑叶海棠、春不老、赤楠等。

夜间照明灯也以陶瓷覆盖，融入花园景观。

创意聚焦01

善用地面铺材

当先天环境不利于植物栽种时，使用各式地面铺材，可以轻易达到让景观多元变化的效果。特别是公共花园，必须保留大面积的使用空间，因此，设计者需针对不同功能使用适当的铺材。

例如，北向花园栽种植物条件较差，除了选用耐风植物，在地面铺设草皮外，同时保留使用面积，也能达到绿化效果；畸零地面或植物覆土面，可适时以木屑点缀，也能达到保水的效果。南向花园为了配合戏沙区的空间，也使用了石板铺材，与整体空间呼应。

南向花园石板铺材，引导住户至孩童戏沙区，发挥铺材的指示功能。

北向花园的茶屋周边，均以草皮铺地，柔和了花园视觉。

碍于部分设施的后续维护需要，无法栽种植物之处，铺上木屑，才不显突兀。

排水孔上方也可以粗石粒遮挡，既防止排水孔被堵，又有美化效果。

创意聚焦02

把灌木当成女儿墙

设计高楼层的顶楼花园，还需要注意安全问题，必须考虑使用者的年龄来规划。景观设计师为了让使用者与女儿墙有一定距离，刻意在女儿墙前种植多层次的灌木，并将它们排列成流畅的圆弧形，一方面让人无法靠近女儿墙，另一方面也软化了原先方正的格局。

设计师表示，运用各种植物的高低、颜色等差异，就能搭配出具有四季感的花园围篱，减少人工硬件设备。仔细看，最上层的长红木、金露花，中层的红花玉芙蓉、田代氏石斑木，到底层的重瓣缅栀、仙丹花，共同交织出整齐有序的绿篱。

地面草皮应该和最底层灌木保持5厘米的适当距离，避免影响植株生长。

沿着女儿墙栽种的灌木，让住户有了安全感。

运用植株的高矮、叶色规划排列，加上修剪技巧，就是最天然的造景方式。

创意聚焦03

花园融合生活功能

属于公共空间的空中花园和私人花园最大的不同之处，在于需考虑全体住户的使用功能，因此设计中必须一并考虑花园中原有的功能区域，例如休憩区、戏沙区、晒衣场、喝茶区等，在无法变动硬件设施的限制下，将它们美化并融入原有的景观中。

以南向花园而言，晒衣场与戏沙区均是圆形造型，坐椅也以半圆形的木板凳为主，加入适合修剪造型的灌木，依照地形打造成处处有曲线，使得整体视觉更加圆融。花园中的每一元素，都具有功能性，而且相对位置合适，以保持良好的动线。

运用灌木绿篱将圆形晒衣场包围，让硬件设施融入花园景致。

栽种香草或香花植物，可以让花园使用者身心愉悦。

半圆形的矮凳坐椅，可同时容纳多人，又能照看戏沙区的孩童，把贴心藏于设计里。

花园一角，摆放木平台与休闲坐椅，增添花园的悠闲气氛。

案例
05

现代自然风 屋顶花园

资料

花园类型 / 覆土栽种

座向 / 南向

主要植物 / 黑松、桂花

设计者 / 绿第景观有限公司 · 邱光平

这个都市大楼屋顶花园，乍看之下风格取向并不强烈，因为花园是依主人的喜好而成形的。

主人的喜好可分为以下几个方面：第一是喜欢有姿态、有造型的树，因为平时涉猎园艺颇有心得，想自己挑选树种；第二是喜欢小叶片的植物，认为具质感且较为精致、优雅；第三是喜欢花园整体简单、自然些；第四是喜欢石头，对石头也颇有心得，想自己挑选石头。还有对于花园周边的景观有风水方面的认知，认为有些视线所及的建筑物或景观，需要以树木加以遮挡以求顺心。以上种种因素，正是景观设计师必须为花园使用者考虑的。综合这些之后，就成就了现在这个轻型的现代日式自然风花园，也最符合花园主人的喜好与需求。

庭园中布置着可以坐一坐休息的石头，这些石头都是花园主人精心挑选的，既可观赏又可憩坐。

遮阳棚的柱子边有一棵较低矮的含笑，简单配植着小叶七里香、杜鹃、松叶牡丹，点缀着景石，整体不会妨碍遮阳棚中的赏景视线。此区的松叶牡丹，因为花朵鲜艳，成了视觉焦点。

景观设计师把这棵黑松当成一棵超大盆栽，以石块砌在土团外，并与旁边的景石相连，兼具实用与装饰作用，而且充满野趣。

创意聚焦01

自然绿意引人入胜

八楼是屋顶花园，其入口位置和七楼的楼地板有几阶的落差，因此可以看到一个稍有坡度的步道，花木扶疏，绿意盎然，十分吸引人。这个区域的主树是缅栀、杨梅，步道右边较低层次的有白水木、杜鹃、彩叶草及景石，步道左边较低层次的则有金英树、杜鹃、细叶七里香、绣球花及景石。这里的景石除了点缀之外，更重要的是用来稳固土壤。

进入屋顶花园的小坡步道，其实是就地利用地面落差，填上土，种上有层次的植栽而成，营造出一个世外桃源的门口。满眼的自然绿意纳入眼底，让人想一探究竟。

越橘叶蔓榕别名蔓榕，每一个茎节都能长出不定根，所以其匍匐茎可以牢固地生长，加上分枝多，能够长成一片，让坡固沙，是优良的地被植物，适合盆栽、地栽。

创意聚焦02

打造专属的世外桃源

整座花园栽种着主人喜欢的树木。主树有栀子花、茶梅、黑松、红枫、桂花、黄褥花等，这些树真可以说是精选限量版，为什么呢？因为这些都是树龄至少10年以上的景观树，经过专业的苗木业者以及岁月的雕琢，才成为既富姿态之美又达2~3m高的树木。

主树之间则栽种叶片较细小的小叶七里香、皋月杜鹃、细叶杜鹃、早乙女杜鹃等，一则以营造层次感，二则可以让每一棵树之间以修剪造型的低矮灌木互相连接，虽是刻意的安排，却显得十分自然。

单子蒲桃喜欢充足日照及肥沃、湿润的砂质壤土，开花后可结球形果实，成熟时转鲜红色，可盆栽、地栽。

花园的树都种在靠近边缘的位置，每一棵树之间配植较密集的修剪出造型的常绿灌木，同时有景石点缀，还有随时可以坐下休息的石头，非常舒适自然。在日式庭园中此“浓密”植栽的意义，在于表现一种“仿佛与世隔绝”的氛围，因此以小群组的手法来安排植栽。

为了栽种这些珍贵的景观树，花园全部使用排水好的园土，以利树木的根系生长。花园主人也很喜欢花香，因此花园里栽种了缅栀、栀子花、桂花、含笑、树兰等多种香花植物。

创意聚焦03

必备的休闲桌椅区

从入口的步道拾阶而上，来到一个休闲的区域，这片墙面是公共区域楼梯间的，设计师选用榉木装饰墙面，希望能衬托花园的精致感。这个休闲区域的主树是杨梅、醉娇花，铺面是仿石纹的高级瓷砖，这是主人自己挑选的。园中放置了一组铸铁休闲桌椅，可以坐下好好赏树、赏景，何等悠闲。

醉娇花下有景石、修剪过的树兰以及偃柏、早乙女杜鹃、金英树、小天使花、彩叶草等，有层次感的搭配，以及叶色多彩的彩叶草和开花性的小天使花，让这个休闲的区域充满轻松活泼的氛围。

创意聚焦04

妥善处理滴水线区域

为什么要特别介绍这一小块黑雨花石铺面呢？那得从上面遮阳棚说起。遮阳棚屋帘的滴水线区域，如果还是草皮的话，每当下雨时，滴落的雨水往往会使得这一小块的草皮长不好，因此设计了一块黑雨花石铺面，并且它和草皮之间还使用了分隔板，以避免草根到处窜生，又从黑雨花石铺面当中长出来，到时候还要拔除。

黑雨花石表面非常光滑，具有黑而发亮的自然光泽，可用于庭园造景的铺面。

案例 06

市区中心的 白色楼顶花房

资料

花园类型 / 摆放盆栽、设置花台

座向 / 四周无遮蔽物的平台，无座向之分

主要植物 / 木本、藤蔓植物

設計者 / 主人

位于市区转角处的楼顶，因盈满绿意而显得优雅、宁静。清早，92岁高龄的陈老先生，为众多的盆栽浇水；夜晚凉风习习，陈老先生喜欢拉南胡给植物听，自己也乐得赏月清幽。

环绕花园空间，听他细数园中的植物：这株年逾50岁的缅栀，是花园的长老；6种花色的九重葛是如何收集而来的；树兰的花朵和桑树的叶子可以直接拿来泡茶；每到秋季，桂花、含笑、玉兰花盛开期间，特别喜爱夜访花园……种种生活的印记，都留在植物的成长岁月中。

投入园艺甚久的陈老先生，认为种花的乐趣在于凡事动手摸摸看和边种边吸收新知识的成就感。从育苗、换盆、扦插，到自己制作堆肥，都因兴趣而看书找资料。花园中的盆器，很多是空调散热器、洗衣机内缸等废弃物的二次利用。也因为这些亲身参与的经验，才让花园显得弥足珍贵。

（左）花园中以木本植物为主，而且彼此花期不同，让花园一年四季都能有变化。

（右）每天早上光浇水，就必须花上两个钟头。夏季水分蒸发快，连女儿也得一起来帮忙。

（左）火球花的鳞茎明显，采用分株法育苗，1~2年就能开花。

（右）放养在花园里的猫咪，每天都能看到它追逐蝴蝶的身影。

创意聚焦01

白色花房增添气氛

热爱园艺生活的陈老先生，为了能有更多时间亲近花园，将顶楼改建成斜屋顶式的花房，专门用来摆放园艺资材与捡拾回来的废弃物等。花房大量运用玻璃门窗，使空气自动对流，避免一般顶楼的闷热情形。

此外，小花房的窗台边也不浪费，使用长形花槽栽种九重葛，让其枝条自然蔓生垂挂，红花绿叶映衬在白墙上，显得格外典雅。

紫红色的九重葛花朵，是花园里秋季到春季的重点花景！

推开花房的玻璃门，两旁区块完整的盆栽仿佛正列队欢迎主人视察。

花房旁的翅果铁刀木和龙血树，是陈老先生的爱树，已经长到近二层楼高。

创意聚焦02

用盆栽规划空间

对一般人而言，居家最容易的花园构成方式，就是直接摆放盆栽，但是当盆栽数量过多，又没有事先规划时，往往造成环境杂乱无章，进而让管理更耗费心力，极易有挫败感。其实规划空间时，可依照人走动的路线、同属性的植物分类、盆栽高低摆放、是否放置花架等，想象一个花园平面图。例如，陈老先生沿着墙面将盆栽排成方正区块，中心位置就以主树或小盆栽形成数个圆形，让整体空间呈现整齐、有变化的视觉效果。

中间区块可用较低矮的草花和香草盆栽，排列成圆形，可和周边较高的木本植物区别。

从楼上俯瞰花园，最能感受空间配置的用心。

将种在花台里的缅栀作为中心，向周边延伸出花架和小盆栽，就成为另一区域。

创意聚焦03

善用大自然的水资源

顶楼水分蒸发快，盆栽数量又多，特别是夏季必须早晚各浇水一次，每天的用水量其实大得惊人！因此，改造花房时就考虑到这点，特地在屋檐设计引水槽，收集雨水，让雨水成为天然水资源。陈老先生得意地说，这里就是雨水多，当然要好好运用这个资源，也是一种循环再利用呢。

陈老先生还让人们与其分享种花经验：针对曝晒在太阳底下的小盆栽，可以用浅水盘一起盛装，避免盆土快速失水，影响到植株生长。

小盆栽土壤较少，保水力不够，夏季可用浅水盘保水，避免干枯。

雨水收集器的出水口，是老天爷的自来水出口。

沿着屋檐而下的引水管，雨天就能收集到一桶桶的雨水。

案例07

旧物绽放新生命的**创意花园**

资料

花园类型 / 摆放盆栽

座向 / 东、西向

主要植物 / 草花、蕨类、水生植物

設計者 / 主人

走进主人以纸、黏土标示的“琢园”石牌以及以木栈板为门篱的入口，随即淹没在植物和旧物紧密融合的花花世界里。每个小环节都可看出使用材料的创意，让人忍不住俯身看个仔细，继而发出赞叹。例如，椅垫坏损的高脚椅是波士顿肾蕨的新居；炒菜锅和炭火炉是组合盆栽的新表现；废弃的烤炉下层是花草盆栽的家，上层是简易工具箱；大型废弃空调的格状散热板，折成圆筒状就成了气质非凡的烛台座；腐朽的休闲坐椅架，在椅身处种植大片植物，有如装置艺术。就这样分成四期，逐步完成了现在规模惊人的纯手工花园。陈先生得意地说，整座花园主要的支出都是购买植物，谁说花园是昂贵的奢侈品呢！

（左）主人偏好耐种、茂密的植物，从空中俯瞰花园一角，果然绿意丛生。

（右）连日式庭园区的经典宫灯，都是利用废弃物自行制成的。

经过改造的废弃烤炉，颇有美式乡村风的随性。

创意聚焦01

旧物重获新生命

屋主陈先生对于花园没有偏爱的制式或风格，倒是会参考书籍中休闲农场或民宿的景观设计，再从捡回来的旧东西里进行发挥，将旧物的价值转换成自己的风格。从捡到东西那一刻起，动手制作到完成摆饰，是他最享受的过程。他曾经为了门柱如何运用而苦思整晚。被台风吹断的四截门柱，终于分别找到合适的用途。为了找到大型拉门摆放的合适位置，他挪移拉门一个礼拜，只求蹲站远近观看都要顺眼。

在他眼里，物品不分新旧，只分好不好用。只要有本事把物品变成美丽的样式，就是个好东西！

破旧生锈的炭炉，配上翠绿的松叶锦天，反而有种古朴的趣味。

甚至把和室拉门的方格锯断，使之呈现不规则的美感。

社区捡回来的门柱，加上木栅栏，就成了醒目好用的围栏。

创意聚焦02

花园万用资材——石头

这个花园的主要素材是石头，最令陈先生着迷的也是各式各样的石头。

他在上下班的途中和假日闲逛时，陆续收集了触感与形状各异的石块，用以打造了花园的日式和欧式两大区域。石头不只有景观上的装饰作用，更具有铺面、围隔范围、遮挡盆栽、路径引导的实用功能，是他心目中的第一万用资材。

利用石砖排列出花园的空间感，也可以引导视线。

石头可以帮助遮挡盆器，营造出自然茂密的景致。

砖柱加上大石板，就成了坚固耐用的桌具。

创意聚焦03

自制排水材料

顶楼花园的防水处理极为重要，因此陈先生花费不少心思寻找合适的排水材料。

单纯摆放盆栽之处，可先在盆底下放置铁皮或水泥波浪板，利用波纹把水导向出水口，且每次浇水过后务必马上扫除积水。大面积铺石材处，可铺设黑色塑料布或塑料袋、黑网，在排水的同时留住泥土。吊挂用的小盆景，也可以椰纤包覆盆土，再用铁丝扎成恰当的形状。这些材料居家都容易取得，且又是可分解的、环保的，适合作为花园的简易排水材料。

用椰纤取代盆器包覆植物，排水的效果特好。

以椰纤为盆器，就能将植栽直接放进铁丝网中，不怕土壤掉出来。

悬空的造型枯木，底下以网和塑料布为底，再装土壤栽种松叶锦天。

案例
08

高龄古意的
楼顶花园

资料

花园类型 / 盆栽栽种为主

座向 / 东向

主要植物 / 兰花、木本、多肉植物

设计者 / 主人

远远的，就被门口那株修剪圆润的榕树和二楼阳台垂挂的绿瀑所吸引。充满绿意的门面透露着此户必有爱花人。果然，跟着年近90岁的侯老先生，穿过三楼神明厅和工具间，户外数量庞大的盆栽、盆景随即映入眼帘。整齐有序的摆放方式，几乎让人以为置身在专业苗圃里。细看榕树、七里香、马拉巴栗等各个盆栽，修剪、造型、姿态都各有巧妙之处，搭配上古朴厚重的陶瓷盆器，每棵植物仿佛都能诉说一段悠久的故事……

事实上，侯老先生和植物结下的缘分，也是一段故事。年轻时，他曾经多年从事建筑业，工程期间就常遇到屋主因过多而丢弃的盆景或因施工而被破坏的树木，于是他将它们一一带回家中照顾，没想到，反而栽种出了兴趣，也让家中的顶楼花园规模日益扩大，成为如今令他骄傲不已的样貌。

花园中心的拱门，在九重葛与火龙果的热情招呼下，显得格外精神。

开朗的侯老先生，即便身体不舒服，也会上顶楼花园巡视一番。

让从小到大的盆栽排排站，就能看出不同时期的观赏重点。

创意聚焦01

发思古幽情的盆景造型

玩赏盆景对侯老先生而言是一种快乐的园艺游戏。植株不但姿态耐看、有韵味，树种也方便照顾。随着栽种时间的拉长，植株身形更显奇特，往往让栽种者得到意外的惊喜。

面对这近百盆的大家庭，他清楚记得每株植物的来头，这盆是谁送给他的，那盆又是从哪边捡回来的，甚至有好几盆经过辗转相传，已经是古董级的老盆栽，是无论谁要都无法割爱的爱花。看着他一一细说每盆植物的身家背景，神情是那么专注、骄傲，仿佛都是他最珍爱的小孩一般……

从小盆开始栽种的马拉巴栗可塑性强，正是盆景迷人之处。

近看每株盆栽的树形、姿态，都别有韵味，愈看愈有意境。

有的盆栽经过多人转手，已经是坐享高年的古董级宝贝。

创意聚焦 02

简易网室超好用

花园里除了大面积的盆栽，在顶楼侧边的空间和楼顶小阁楼，还有以纱网和黑网搭建的简易温室。轻巧透气的温室空间，主要用来栽培需要潮湿环境的兰花，以及耐阴性佳的室内观叶植物。阴凉的生长环境，尤其适合应用在酷热的顶楼花园。

温室内主要用来栽种兰花，和少许室内观叶植物。

整间温室都以纱网搭建，透气通风是最大的优点，不至于在盛夏闷坏内部植物。

以黑网简单遮阴，有助于植物躲过顶楼的大太阳。

创意聚焦03

屋顶上的私人药草园

从楼顶的小阁楼往外探，发现屋顶上的空间也没闲置着！侯老先生利用塑料盆栽种了地瓜叶、九层塔、芦荟、艾草等植物，多具备可食用或药用功能。多样少量的盆栽三三两两散布在屋顶两侧，宛若自家的私密后院。

顺着小阁楼往上走，侯老先生还以黑线拉起方格网，栽种了整排的火龙果，茂密旺盛的枝叶，还沿着邻家的围栏蔓生，让家中年年都有现采鲜果可吃。

翠绿成排的火龙果，是屋顶上最迷人的风景。

阁楼上的空间也不浪费，通通在泡沫塑料箱里种满蔬菜。

采收后的盆栽，就用来收集厨余、落叶，自制简易堆肥。

案例
09

带有传承意境的**花园**

资料

花园类型 / 全部以盆栽栽种

座向 / 西向

主要植物 / 多肉植物、蕨类

设计者 / 主人

原本的四楼露台一直处于荒废状态，加上这里也是传统的神明厅，一直不敢造次。但是爱种花草的姊弟，为了整理雨天老是积水的小水池，索性就扩大改造，把水池的水放满，养几条鱼，也在池边种起花草，经过了几年的经营，自然有了现在一片翠绿的景象。

顶楼花园阳光充沛，鸡蛋花与旅人蕉日益茁壮。花架与桌面上则摆满了多肉植物小盆栽。由于主人从事环境工程的工作，一向赞同植物应放养，依照环境提供的场地，保持着适度的管理，其他一切就顺其自然了。

此外，根据主人的喜好，花园的配件大多是原件，盆器也多是收集的老件，整个四楼空间既是读书场所也是庄严的神明厅，更是一处留有传承意境的花园。

（左）古旧的铁窗，因为有了常春藤的陪伴，别有意境。

（右）昔日怎么清也清不干净的水池，成了蚊子的乐园，现在是水生植物区。

（左）花架层板由水泥、栈板、古板组合而成。

（右）“事事如意”的石头盆栽，是读书、品茶时的伴侣。

创意聚焦 01

朴拙花器新风情

这个花园的盆器一个比一个便宜，一个比一个陈旧，可是也因为这样的调性，用最自然的面目呈现，老东西聚集在一起便有了新样貌，带出一种淡然的禅味——凡事不多求，万物皆简单。

失去盖子的茶壶，不能再泡出好茶，可却是浮萍的新家。

老酒缸破了又补，展现斑驳的痕迹和刮伤，用来种荷花比用亮晶晶的盆器更合适，荷花的气质被烘托得更浓郁。

漂流木加上粗铁钉，在天然形成的树节上留一处专属凤梨的位置。虽然只是枝干，但是在主人的配置之下，就有了呼应这个花园风格的新风情。

创意聚焦02

老旧物件成花台

花园里的花台花架，虽然常可看到花友利用废弃物组合而成，却很少看到这么有分量的。最厉害的花台还是笨重的水泥桌，很难想象怎么把它搬回来，还搬上四楼呢！相信一般人看到如此巨大的桌子被丢弃，应该是不会有把它搬回家的念头吧。除此之外，还有大树皮、厚石板的运用，也颇具匠心。

凉亭里的石桌，坚固又耐用，但是随着潮流的改变还是面临淘汰，没想到这家主人废物利用的精神更是惊人，照样把它搬回来，专事花台一职。

花台不一定是平板的，来点有弧线的大树皮，一样好用。

虽然石板架成的花台非常有质感，但不是每个花友都能搬得动的。

斑驳小木椅，高矮适中，呈现出复古风。

创意聚焦03

古物自有老灵魂

被遗忘在路边的水泥盆，是一般人正眼也不会多看的家伙，被主人拾了回来细心安置。多方保留下来的瓷砖，随着一次次的增建而增加，排列出不同的年代。新的物件易买易得，但真的要找回过去使用的建材，反而太难。属于这个家的故事，仿佛都写在这些富含灵魂的一砖一瓦之中。

蓝色的、棕色的、绿色的墙砖是小盆栽的背景，其花色与样式都是市面销售的过去式，一排植栽像跨世代一样横越了好几次的更迭。主人们皆未做更动，并且好好地保存着，砖片几乎没有破损，光洁地映照着植栽，氛围特别。

有破洞的酒缸空气流通好，玉串也长得好。

上面都还印着某某社区，超沉重的水泥盆，种上植物，再大的台风也不怕翻倒。

创意聚焦04

小品多肉植栽伴茶香

将老人使用的四楼神明厅，改变成一处全家都爱来的休闲花园，平时也会在这里烤肉聚会。刻板印象中，神桌上的植物就该是菊花、剑兰，没想到多肉植物在这个环境也很和谐，不管用小茶杯还是石盆栽植，安置在各个角落都好看极了，摆在红纸对联前更是非常出色，既能化身成敬奉的另一种鲜花，平日又是陪伴喝茶、读书的桌上书童。

比巴掌还小的仙人掌，从小株时就栽培着，在书房里像是迷你玩具。

叶片呈放射状，从叶片长出的白丝是最大的特色。

端出一杯可爱的多肉植物，客人也会会心一笑吧。

案例 10 旧物多用的多肉植物花园

资料

花园类型 / 全部以盆栽栽种

座向 / 南向

主要植物 / 多肉植物

设计者 / 主人

以多肉植物为主的花园，盆器与布置都来自旧物改造，主人擅长自己动手制作，让坏掉的抽屉变为挂箱，箱上的花盆更拼贴成一系列，在花园的小角落里看起来特别显眼。

主人家中大多数的植物，一开始都用小盆器栽种，还种一些台风过后被丢弃的折枝，但现在都长得壮实了，让主人超有成就感。例如，门口的笔筒树种了3年从50厘米长成如今的二层楼高；被丢在垃圾堆的鸡蛋花枝条，捡回来插种，现在已经是顶楼花园的主角，随着夏日来临，白色的花朵正盈盈待放……

贝壳盆器与多肉植物的组合。

可爱肥嫩的月兔耳，配上木架，两盆一组刚刚好。

在小盆养大的鸾凤玉，喜欢排水性好的沙砾，三个月没浇水也能活。

创意聚焦 01

不限空间大小的绿意

处处绿意是最美的生活状态。常有人抱怨空间太大或太小，而无法打造一个花园。这个问题在茱丽亚家不成理由，因为大有大的栽种方式，小也有小的格局设计，所以她家大门绿荫成亭，而小阳台又小品植栽成趣，顶楼露台则打造成家人的休闲区。

一进门的笔筒树与众多植物种得十分成功，其中经常保湿是非常重要的因素。擅用环境条件的主人，发现社区的花圃浇水系统，定时向前院的花圃洒水，加上日照的光线角度，很适合种植喜阴凉、湿润的植物。

顶楼花园利用搬回来的大珊瑚加上漂流木、空心砖、竹帘、不用的砂锅、缺角的碗等质材布置，植物有的也是以回收的方式取得。加上适时改造，把拼贴的技巧也用上，连塑料盆和旧抽屉看起来也会很美。

创意聚焦02

捡拾回来的美丽风景

总是从别人不要的东西中找到新生命，东西不旧看起来反而还没有那份味道。从老石头、旧酒瓶到满地的玻璃弹珠，主人都给了物件新生命，而做法一眼即知。注意生活的小细节，总有新收获。

荷兰木鞋破了一个洞，种上波士顿肾蕨摆在门口，又是一景。

石莲花平时用来榨汁饮用，但是经常有小鸟来啄食，用竹筷夹光盘防小鸟啄食，效果很好。

根部需要保湿，垫上水草，尺寸刚好的厨房滤网这时候也派上用场。

（左）门口的树上挂了不少旧酒瓶，原本是想防鸟，但效果很差，就在瓶中放了弹珠，加上薜荔的攀缘，又多了新意。

（右）全家出游时发现废弃的工厂人去楼空，弹珠洒落一地，转念一想，前院的弹珠地板应运而生。

创意聚焦03

手工创意无可取代

自己的创意别家没有，客人总是赞不绝口，主人的面子跟着光彩得很呢！用简单的小手工就能把植物栽培得更好，花园风格更多变。

铁笼变身庭院灯，晚上在庭院里烤肉或喝茶时更有气氛。

痴迷多肉植物的主人，连墙面手工花架上都不放过展示她的杰作。

放在顶楼的摆饰品，是主人用种子做成的帘子。墙上横挂着的是阿勃勒树枝，绳上粘的是马尼拉榄仁。

创意聚焦04

旧物利用展现另类风采

环保杀手泡沫塑料，丢弃百年都未必会被大自然分解，可是善于利用废弃的泡沫塑料包装物，并让它更长久地使用下去，就是最棒的环保实践了。利用一点巧思，任何废弃物都会重新被赋予新的生命。

将海砂与贝类黏在废弃的泡沫塑料包装物上，就变成了美丽的盆器。

装冰淇淋的杯子两侧串上带子，就成了吊盆。

二楼的小阳台也从墙面种到地上。墙上阶梯形展示架是用废料钉的。废弃的小学生课桌重新整理，摆上小小的多肉植物盆栽，就成了很有特色的培育区。

Houset

屋顶花园篇

第四章
打造花园实作**问与答**

A 屋顶花园基本知识

光照条件与植物选择

防风、防漏及承载

B 实务过程

基础栽培

盆栽栽种

覆土栽种

资材运用

地板铺面

排水防漏设施

A 屋顶花园基本知识

光照条件与植物选择

102

按照光照强度，植物可以分为哪些类型？

A

光照强度是指植物表面被照明的强度。根据对光照的需求程度，可将植物分为5类：

强阴性：如玉簪、蕨类，它们仅需全光照的20%~40%，全年荫蔽度70%~80%，全日照将导致严重灼伤。

阴性：如四季秋海棠、大岩桐、杜鹃、茶花等，它们生长需要全光照的50%~60%。夏季要荫蔽，冬季稍遮阳，否则叶片会黄化。

中性：如大花蕙兰、炮仗花、朱顶红等，它们喜光但不耐强光，过阴导致不开花，只有在光线充足，但没有强光的环境中才能正常生长、开花，而夏季要稍遮阳，冬季全日照。

阳性：如月季、睡莲、荷花，它们需全日照，荫蔽会徒长，枝细，节长，不开花或花色淡。

强阳性：如仙人掌类喜强光耐旱花卉，它们怕阴忌湿，光照不足会引起各种病害。

103

按光照时间，植物可以分为哪些类型？

A

夏天日长，冬天日短，春分秋分日照平分。每年周而复始发生着日照长短的周期性变化，此谓之“光周期”。而植物花蕾的形成与开放对日照长短的特定反应通常称为“光周期现象”。有些开花需要长日照，有些需要短日照，还有一部分开花与日照长短没有直接关系。据此，把花卉分为3类：

长日性：每天日照不少于12~14小时一段时期后，就能从营养生长转入生殖生长，进入开花期，而在日照一天比一天短的季节就不会开花，如木芙蓉、唐菖蒲、月见草、紫罗兰等。

短日性：开花的前提条件是黑暗（夜）有一定时数的积累，在日照一天比一天短的季节开花，且每天光照时数须少于9~11.5小时，如秋菊、波斯菊、一品红。长夜对短日照花卉的花芽分化十分有利。

中日性：决定开花与否的环境因子不是日照长短，而是其他环境因子，如一串红、非洲菊、月季等不论日照长短，只要温度适宜，营养生长达到开花程度即开花。

104

哪些植物具有耐旱耐强光的特性，适合种在顶楼？

A

顶楼拥有充足的日照，对于栽种植物是很理想的空间，但因为直射光较强烈，除非有时间照顾，否则一般多会选择耐旱、易打理的植物，例如沙漠玫瑰、石莲、长寿花、松叶马齿牡丹、耐热矮牵牛、九重葛、芦荟、日日春、千日红、麒麟花、仙丹花及仙人掌等。

105

光照强度会影响植物开花吗?

A

光照强度除了影响花卉正常生长发育外，还控制某些花蕾开放。例如，只在强光下开放的太阳花、酢浆草，阴雨天不开花；在晨曦中开放的牵牛花，中午花瓣闭合；在月光下盛开的月见草、昙花，白天难见其芳踪；在太阳下山时，晚香玉、紫茉莉才开花。

106

树木可以种在顶楼吗?

A

许多人都梦想能在顶楼种树，但又担心树木的根会穿透楼板，造成漏水。其实，只要选对树种，处理好地面，同样可以在顶楼种。例如花市常见的七里香、树兰、麒麟花、朱槿等灌木，或是黄槐、龙柏、马拉巴栗等浅根性的小乔木都是不错的选择，但要定期修剪使之矮化，就能在顶楼享有乘凉赏景的乐趣。

107

温度容易过高的顶楼，是不是不适合栽种草花类的植物?

A

顶楼拥有充足的日照，对于喜爱阳光的草花来说，反而是个不错的栽种环境。基本上，绝大多数的草花都可以试着栽种，只要依照季节调整照顾方式，都能生长良好。少部分娇嫩的草花，例如非洲凤仙花、长春花、金丝菊等，较需要花时间照顾，要特别注意遮光和通风的问题。

108

顶楼的阳光看起来都很充足，还要注意什么呢？

A

顶楼的花园空间，具有日照时间长、稳定的优点，但也因为长时间的曝晒，容易引起温度升高、植物容易缺水的问题。但是，如果顶楼有建筑物或周边有更高的建筑物，也会影响光照时间与面向。例如西边有建筑物，势必会遮挡部分下午的阳光，这时就需要观察周边环境，才能视光照条件安排适合的植物。

109

二、三楼的露台，稍有遮阴，会影响光照条件吗？

A

露台是介于阳台与顶楼的空间形式，差别在于露台的平面空间较阳台大，且靠近建筑物的侧边，会有遮蔽处。因此，露台的光照会依其条件有两种情形：一是露台的空间够大，阳光不会被本身的建筑物遮挡，那光照条件就如同顶楼一般，拥有全日照。如果露台空间不够大，加上遮蔽物的影响，光照条件就会受限，可能形成半日照的条件。

110

顶楼适合搭建遮阳棚或温室吗？温度会不会反而更高？

A

常见爱花者为了让植物躲过高温日照，自行设计搭盖了玻璃屋或工具间，对于常遭日晒雨淋的顶楼，有很好的遮蔽作用。但在盛夏酷热时期，密闭式的空间反而会让热量很难散发，必须搭配通风设备，让空气流通，避免温度过高。

111

顶楼的阳光太强，担心植物晒坏，有办法改善吗？

A

毫无遮蔽物的顶楼，可以全天接受日照。在夏季，强烈日照会让部分植物受到灼伤与叶片失水。此时，必须适当为植物架设遮阳网。可视植物的需光程度，设置遮光80%或60%的黑网，减少强烈的直射光。如果顶楼有遮蔽空间，也可在中午时将盆栽移至阴凉处，并特别注意浇水，避免缺水过久。

112

住家2楼突出的半圆阳台，空间不大，也可设计空中花园吗？

A

想要设计空中花园，不一定非得有大面积的空间。现代建筑常见的2、3楼阳台面积，往往不大，但只要空间配置得当，善于利用花架、吊盆等，或栽种爬藤性植物让其自然蔓生垂挂，增添绿意，就能轻松打造丰富的迷你空中花园。

113

大楼的顶楼可能有管线，要怎么打造成漂亮的花园？

A

因为大楼顶楼的公用设备应该避免更动，建议可先从角落的小面积开始规划。如果确定要进行整体美化，可利用南方松木板或竹篱等，将管线遮蔽起来，并成为吊挂花盆的空间，不失为另一种美化方式。

防风、防漏及承载

114

顶楼的风很大，可以种植物吗？

A

屋顶的风势会随着楼层增高而增强，而北向和东北向更容易遭受季风吹袭，建议在风势较强的面向架设防风网或木栅挡风。如果是经常性的强风，最好栽种高度不超过围篱的灌木植物，避免种植枝细叶薄的植物，如蔓藤与草花植物。

115

常看到屋顶花园四周，种了一排高高的灌木或竹子，是为了防风吗？

A

如果看到的是高过墙体的植株，主要功能并不在于防风，而是为了隐私的需要。

通常顶楼是毫无遮蔽物、空旷的环境，有被窥看的可能，对于重视隐私或是不希望被打扰的人而言，在周边种植高过墙体的成排植物，可以有效遮挡视线。

116

顶楼种树，在什么情况下需要加装固定设备？

A

顶楼的风势原本就较地面大，当台风来袭或有大雨时，务必以钢索或木桩固定树木枝条，避免树枝折断。如果栽种的树木高度超过1.5米，最好栽种在建筑物主体附近，避免栽种在顶楼边缘处，以免遭受突来的阵风吹袭，并在栽种初期就采取固定措施，帮助树木稳固生长。

117

大家都说顶楼花园很容易漏水，是真的吗？

A

屋顶最上层的材料通常多为水泥，经过长期的日晒雨淋，容易被破坏而产生裂痕，导致漏水。此外，如果花园的落叶泥沙堵住排水孔，造成排水不良，地面长久潮湿、积水，都会加速水泥地的破坏。因此，空中花园的防漏工程格外重要。

118

顶楼种了一棵台湾乐树，根部会不会穿透屋顶，导致漏水呢？

A

要在屋顶栽种木本植物，除了做好防水措施，植物种类选择也很重要。一般来说，大部分植物根不会穿透楼板，但应避免栽种榕树类植物，这些植物根部生长强势，根系容易钻进楼板缝隙，并且撑大。而乐树只要防止植株生长过盛，勤修剪枝叶以压抑生长，就不会有穿透屋顶的危险。

119

老屋顶楼，会不会更容易漏水？要怎么进行防水？

A

顶楼是整体建筑物中，最直接承受大自然洗礼的，时间久了可能产生裂缝、风化或毁损等情况，由此造成漏水。因此，屋龄愈大的顶楼，防水工程愈复杂，通常必须先刨掉旧屋面，重新上水泥，铺设防水层等。因工程牵涉层面极广，不建议自己施工，最好委托专业公司进行施工，避免破坏建筑结构。

120

连日大雨后楼顶常有积水，有什么解决方法？

A

顶楼正常的施工标准，应该是正中央向两侧有3°～5°的倾斜角，排水孔安排在两侧，方便排水管沿着建筑物墙面往下排水。地面高于排水孔，可利用盆栽或草皮引导排水。如果还是无法解决问题，积水又严重，可在靠近地势高的女儿墙底部，直接钻洞帮助排水，大雨来袭时可加速排水。

121

很好奇，在顶楼盖花园会不会把房屋压坏？

A

每栋建筑物都有承载的范围，想在楼顶建造空中花园，必须先了解建筑结构与载重量。通常的水泥屋顶，1m^2可承受约200kg。以此标准来估算，就能够初步确定植物种类、覆土厚度、土壤调配比例、土壤吸水后重量等细节。如果要在顶楼建造相关设施，也必须将其一并考虑。

B 实务过程

基础栽培

122

毫无遮蔽物的顶楼，适合栽种兰花吗？

A

这要视兰花种类而定。石斛兰类、万代兰类可以接受全日照，文心兰类、蝴蝶兰类则需要遮阴。国兰或拖鞋兰最忌强烈直射的日照和高温干燥的环境，毫无遮蔽物的顶楼不符合栽种。如果没有其他地方栽种，可观察日照方向，在直射光较少的墙面或树荫底下栽种，也可搭建棚架或开放式温室，搭配遮光黑网，营造半日照、略潮湿且通风良好的环境，这样可避免阳光直晒导致兰花脱水死亡。

123

顶楼墙面西晒严重，在建筑物外墙种蔓藤植物有助遮阳吗？

A

在墙面栽种植物，不但可阻隔日照，达到降温的效果，还有美化的功能。在植物挑选上，为了不影响建筑物安全，建议选择枝条具有匍匐性、不会长出气根的，如使君子、紫藤、蔓性马缨丹、蔓性玫瑰等植物，修剪得当就能形成一片绿墙，开花期间格外动人。

124

单纯想要降温的效果，要怎么绿化屋顶？

A

顶楼屋顶长时间接受日照，顶楼温度很高，会让人受不了。最简单的绿化降温方式，就是直接在顶楼栽植低矮的地被植物，以隔热降温。只要在顶楼铺设排水板、无纺布及轻质介质，再铺上薄薄的3cm植栽层，不但施工简单，又具有易维护管理、费用低等优点，是空中花园中最省时省力的绿化方式。

125

有哪些贴地生长的植物适合作为地被？

A

一般都会选择草皮作为地被植物，常见的有韩国草、地毯草、台北草、百慕达草、奥古斯丁草等种类，可依照耐旱、耐践踏性及生长速度来选择。如果不想使用草皮，也可以选择具有匍匐特性的草本植物作为地被植物，例如马蹄金、蔓生花、红毛苋、矮筋骨草、越橘叶蔓榕等。修剪得当植株就不会生长太高，还具有观花的价值。

126

梅雨季节过后，种在顶楼的仙人掌出现溃烂，要怎么处理？

A

仙人掌需水少，如果介质排水不佳或过度浇水，导致根部太过潮湿、积水等现象，就会从植株底部开始溃烂，这是明显的水伤现象。水伤引起的溃烂伤口，如不理会，最后会逐渐扩散至全株，危害到植株生命。建议用酒精或火烤消毒过的刀片，整齐切下溃烂处，直到伤口干燥后才能浇水。

127

很喜欢香草植物，哪些类型适合种在顶楼？

A

顶楼属于全日照的环境，适合种植喜爱日照的香草植物。薄荷、迷迭香、紫苏、柠檬香蜂草、奥勒冈、薰衣草、柠檬香茅、鼠尾草等常见的香草，都需要充足的全日照生长环境，很适合栽种在顶楼。要注意的是，部分香草植物忌高温潮湿环境，应避免过度浇水，但如果以花盆栽种，盛夏高温期失水快，必须留意植株状况。

128

顶楼需要像庭院一样，在外围栽种绿篱吗？

A

绿篱主要有造景、保留隐秘性、区隔空间等功能，常见庭院外围以绿篱取代围墙，除了具美观之外，也有区隔空间之效。通常在毫无遮蔽物的顶楼，栽种绿篱以保护隐私，或是在女儿墙边栽种一排绿篱，让使用者不会太靠近墙边，以保证安全，此特别适合有小孩的家庭。

129

在顶楼可以种可收成的果树吗？

A

能在自家花园尝到水果，是最惬意不过的事。但受限于顶楼的载重量和防漏水问题，栽种的果树种类受到限制。通常选择种在盆栽内也会结果的果树，例如金橘、木瓜、番茄、草莓、柠檬等种类。花市里，常见的桃、梅、李、葡萄、杨桃、柑橘、番石榴等果树盆栽，也都可以买回家尝试着种种看。

130

夏天到了，顶楼的水生植物区会不会有水温过高的问题？

A

长时间曝晒在阳光底下，水池的温度的确会升高，水里的鱼比较容易因为温度变化而丧生。其实只要在水池里栽种水生植物，其叶片有遮阳的效果，还具有调节水温的功能。如果水生植物生长不佳，建议可以适量施肥以促进生长。

131

可以在顶楼种食虫植物吗？需要什么设备？

A

食虫植物喜欢湿度高、日照充足的环境，只要能够兼顾这两大条件，栽种在顶楼也不成问题。但部分食虫植物需要稍加遮阴，必须加装遮阳黑网，有的食虫植物喜欢较潮湿的环境，可加设喷雾系统，随时保持空间湿润，才能种好食虫植物。

132

顶楼温度高，适合收集厨余制作堆肥吗？

A

顶楼空间大且隐私性佳，较不会影响他人，先天环境很适合制作堆肥。制作堆肥的过程中，微生物分解厨余时温度会升高，高温下微生物更活跃，因此顶楼的高温正好可加快分解作用。只要勤加翻动，供应充足的空气，堆肥制作速度就能更快。

133

顶楼花园一定要配置自动浇水系统吗?

A

装设自动浇灌系统，主要是方便无法天天管理花园的屋主，或是花园面积较大者。装设前，应先衡量个人的情况，是否能以夏季早晚各浇水一次，其他季节每天浇水一次的频率来管理维护。如果个人状况允许，也喜欢园艺，就可以不用装设自动浇水系统，借助每天浇水的过程，与植物对话，这也是拥有花园的乐趣所在。

134

花园设置的水池，多久清理一次比较好?

A

水池可分为简易型水缸和有安装水泵、流水器的活水池。一般而言，有活水流动的水池，通常都会配备过滤循环系统，让水能够重复使用，不需担心水质问题，约每3个月到半年，定期维修保养即可，如果水生植物够丰富，本身具有净化效果，就可减小清理频率。而简易型水缸，清理较简单，只要看到水池混浊或起泡，就表示该换水了。如果水池中养鱼，换水时记得要保留1/3的旧水，再加入新水。

135

很喜欢在屋顶花园散步，但蚊虫很多，有什么解决办法?

A

植物多的地方，本来就会有昆虫栖息。蚊子则是花园中不流动的积水所招致的，这都是很自然的现象。如果情况严重，除了检查花园中是否有空盆子长期积水，也可以在水池中养盖斑斗鱼或大肚鱼，它们可吃食蚊子幼虫。植物选择上，宜挑选气味浓重的种类，如香冠柏、柠檬天竺葵、迷迭香等植物，并摆放在通风处让气味散发，有驱赶蚊虫的作用。

136

夏季小水池水位下降快，会影响水生植物的生长吗?

A

很多人喜欢用小盆器装水，种些水生植物，夏季在烈日下，一不注意水分很快就大量蒸散，水位下降快速。不同的水生植物需要的水位各异，如果水位下降低于底线，就会造成植物生长受限。例如萍蓬草、水芙蓉等浮水植物，必须保持茎梗可以伸展、叶面浮于水面的水位高度；像水蕴草、金鱼藻、苦草等沉水植物，全株都应浸泡在水面下，才是正常的水位。

137

寒流的时候，要怎么帮助顶楼植物顺利度过?

A

当温度低至15℃时，容易对植物造成寒害，应将耐寒性差的热带性植物，移进室内保温。避免入夜后浇水，冻伤植株。夜晚利用塑料袋、木纸箱、泡沫塑料箱、无纺布，覆盖植物为其保暖。

138

很喜欢山苏、铁线蕨、肾蕨等蕨类植物，为什么在顶楼都种不好?

A

适合蕨类植物的生长环境，原本就需要高温多湿、需光量少。蕨类植物的耐阴性很强，喜欢阴湿和柔和光线的生长条件，栽种在不具有遮蔽物的顶楼，因为日照强烈、水分少，容易导致植物叶片焦黄，甚至脱水枯萎等现象。建议可种植在水池边的湿地、树下的遮阴处或日照不足之处，以让它们生长良好。

139

铺在地面的地被植物，需要修剪吗？要多久修剪一次？

A

园艺造景中，常使用金露花、雪茄花、六月雪、法国苋等作为地被植物。夏季植物生长较快，过于旺盛会影响外观美感，适度的修剪才能保持良好的状态。修剪多少没有标准，以美观为原则。夏季植物生长速度快，修剪次数可多些。

140

每次大雨过后，都会有好多马陆在顶楼爬行，要怎么办？

A

马陆属于腐食或杂食性动物，喜欢潮湿松软的环境，基本上对人和植物并不会造成危害，能协助有机物分解。每当暴雨或连日大雨，为了求生它们都会离开栖息地，躲避到室内或安全处。如果马陆数量太多，又不想使用农药，可在盆栽周边洒上天然的苦茶渣，以气味驱赶马陆，或是在可能出没处洒硅藻素，就可让爬过的马陆死亡。

141

台风来袭前，屋顶的花园需要采取哪些防范措施？

A

台风所带来的强风暴雨，对位于顶楼的植物，往往危害很大。为了避免花园遭到破坏，应先将可移动的盆景、装饰配件收到室内；无法移动的大型盆栽，可一并放倒在地上，以塑料布覆盖住；露地栽种的大型植物，则以木桩或绳索固定住。最后，记住清空排水孔，并安装高脚落水头，避免排水孔被落花残叶堵住，导致排水不良而积水。

盆栽栽种

142

想打造屋顶花园，用盆器还是直接覆土栽种？哪一种方式比较好？

A

两种栽种方式各有优缺点，对于想自己动手的人而言，较适合使用盆器种，因为盆栽具有好移动、防漏排水问题不大、植物更换方便等优势，但若要栽种较大的植物，会受限于盆器，生长状态不如地植。

直接覆土栽种的方式，需要考虑屋顶载重量、防漏和排水等问题，但它具有规划设计多元变化的优点。因此，采用何种栽培方式，应该视预算与实际需求而定，无所谓优劣。

143

在顶楼以盆器栽种，植物根部会延伸出来，要怎么解决？

A

根系强健的植物，例如榕树类植物，容易随着生长根系伸出盆器长到地面，若地面有缝隙就会钻入，严重的会造成顶楼漏水。因此，一旦发现根部附着在地面，可先将盆器外的根剪断，并在盆器下方垫空心砖、红砖或塑料板等，一方面可防止根系生长到地面，另一方面也方便后续修剪。

144

想在顶楼种树，用盆器种植可以吗？

A

顶楼必须考虑风势大及根系延伸的问题，选择的树种最好是浅根的木本植物，例如白水木、桂花、栀子花、樱花等。当然，这些树种也可用盆器种植，但和地面栽种的比较，树形、开花状况都有可能受限于盆器大小，无法达到最佳的状态，如果可以接受，用盆栽未尝不可。

145

顶楼的盆栽太多了，每天光浇水就花了1~2小时，有没有比较省时的浇水方法？

A

顶楼日照强烈，浇水是主要的例行管理工作，盆栽数量过多时，建议安装自动浇水系统。但因为盆栽大小和植物种类的差异，每个盆栽的需水量不尽相同，自动浇水系统无法一一判别浇水量，会有浇水过多或不足的现象，建议将习性相同的植物聚集在一区，以方便控制浇水量。

146

顶楼太晒，听说可以在盆栽表面铺上干稻草，抑制水分快速蒸发，是真的吗？

A

放在顶楼的盆栽，盆器愈小愈需要补充水分，因为盆土有限水分蒸发快。用稻草铺在土表是一种保湿方式，也可以将需水性强的小型盆栽集中在一起，底下放一个大的浅盘，夏季高温期和外出时，在浅盘中注入深1厘米左右的水，就能自动补充盆栽水分。

147

每次浇水盆土都会流失严重，把楼面弄得很脏，有什么方法可以避免？

A

避免盆土流失最常用的方法，就是在盆器排水孔上加装砂网片，可以过滤水分又能遮挡泥土流失，并在盆底加装浅盘，盛装流失的水土，避免水土流到楼面。最重要的是，盆栽土壤难免会因浇水、雨水而外流，勤加整理，保持楼面干净是不可缺少的管理工作。

148

哪一种材质盆器适合放在顶楼，比较不会损坏？

A

市面上常见的盆器多为塑料、陶瓷、石头、木材、竹材等材质。使用在顶楼上应选择较耐用的陶瓷和石头盆器，或是经过防腐处理的木材、抗紫外线的塑料盆器。其实除了购买现成的盆器，生活中的废弃物件，例如废弃轮胎、马桶、电风扇外壳等，都很适合拿来栽种植物，赋予旧物新生命。

149

我在顶楼的盆栽有五十多盆，台风来袭时不可能全部搬进屋内，有什么防范措施吗？

A

盆栽的好处在于可移动，因此，当台风来袭时，可先将贵重植物搬进室内，室外的可移到靠墙处，一一放倒，交错排列，并以大型塑料布覆盖，边缘用重物压紧固定，这样就能同时保护大量的植物不受台风雨危害，也不用担心室内空间不足。

150

一口气买了好几盆盆栽回来，大小不一的盆栽在摆放位置上，有要特别留意的地方吗？

A

有如景观设计的平面规划时，利用大大小小的盆栽，架构出花园的蓝图。因此，可借助草拟顶楼空间的配置图，考虑光照的条件，来安排适合的摆放位置。但刚从花市买回来的盆栽，建议先遮阴，适应后再摆放，避免环境变化太大而适应不良。如要摆放较多大型的盆器，建议摆放在梁柱周边，避免放置在楼板中间。

151

有人在空中花园设花台，它和盆栽有何不同？

A

一般空中花园的花台，可能是当初建筑物设计施工的，也有可能是使用者自己以红砖砌成。不管建成方式为何，由于花台的面积和深度远比盆栽大，培养土直接倾倒在花台里，所以必须格外注意排水系统的安排、载重量的计算以及位置的不可移动性，考虑的事项远比盆栽种植复杂，但栽种植物的类别可以有较多选择。

覆土栽种

152

到底要覆土栽种好还是用盆器栽种好？

A

露地栽种的优点在于造景变化多、植物生长环境较好，对花园风格有更多的选择，但成本较高。盆栽移动方便、植物种类不受限，且成本低，但造景度不高、植物生长受限。不妨试试部分覆土栽种，部分用盆器栽种，这样可让花园的样貌更有特色，植物更为丰富，而且成本也不会高。

153

覆土栽种所需要的土壤，要怎么选比较好？

A

屋顶都有载重量的限度，因此选用重量轻的介质为宜。因屋顶的受光面积大，需要使用保水性强的壤土，不宜太松软，否则很容易失水。只要不是种大量的大树或配置太多景石，原则上并无大碍。

154

不同植物所需的覆土厚度是否不同？

A

在屋顶栽种的土壤厚度，与楼板载重与栽种植物的类别、未来生长高度及大小，都有密切的关系。一般而言，浅根性的地被植物土厚约15cm，灌木类30~60cm，中高型的乔木则要60cm以上。由于屋顶风势较大，植株高度一般不宜超过1.5m，否则容易因受风面大而倾倒，或因土薄极易失水而生长不良。

155

下雨天时，怎么防止泥土飞溅、弄脏花园？

A

覆土栽种要使用大量的土壤，通常要在植株附近的土面种植地被植物，例如翠玲珑、紫云蔓、越橘叶蔓榕、雷公根、蔓花生等，或是直接以木屑、树皮、草皮覆盖表土。这样处理后，可避免雨水直接冲刷土壤，造成土壤流失并弄脏环境。

156

在花园里想直接种一排灌木，四周距离要留多大，才不会影响生长？

A

因覆土栽种后较难变动植株位置，必须预先确定栽种位置的日照条件，留取适当的植株生长空间，并考虑周边植物互相遮蔽的问题，才不会随着栽种时间拉长，植株相互影响破坏景观。通常灌木可细分为高1m以下的小灌木、1~2m的中灌木及2~5m的大灌木，但高度可借助后天修剪和管理来改变，植株间距则可以树冠直径加上20cm为标准，预留生长空间。

157

顶楼花园覆土栽种，在植物选择上有无限制？

A

顶楼有强风、日照强与防水问题，选择植物时应把握以下原则：依据实际环境选择喜阳、耐风、耐晒或耐阴等植物；植株高度不宜超过1.5m，避免强风折枝；若种蔓藤植物，支撑架必须坚固耐用，才能避免被强风吹倒，或因日晒而老化；避免选择深根性树种如黑板树、榕树、茄冬、铁冬青、相思树等，以免破坏顶楼地板。

158

想在屋顶花园种草皮，要怎么种对后续维护较有帮助？

A

种植草皮最容易遇到的问题，通常是杂草长很多、枯黄一片、停滞生长等。为了减少后续维护，栽种前务必翻土、捡草根，并以密植方式减少杂草入侵。栽种后的前3周，因草皮尚未完全成活，应尽量避免直接踩踏，等到草皮叶片挺直、叶色恢复油绿青翠，就表示草已经适应生长环境了，后续只要勤拔杂草、修剪即可。

159

想用土壤堆出小坡，可以用什么方法固定，土壤才不会流失？

A

花园造景时，利用土壤的高低落差形成小坡，可以增加视觉的变化，空间有放大感。但是当土壤有坡度时，流失则会比较严重，因此必须以草皮或地被植物覆盖，或以石块、砖材作为挡墙围在土壤周边，保护土坡同时，也善用资材为造景加分。

160

从花市买回盆栽，要直接种到顶楼花园，移植的过程要注意什么？

A

移植前视植物种类，有的要先将盆栽放到遮阴处适应几天，避免突然移到太阳底下，植株生长不良。将植物从盆器拉出时，要尽量保留根团、土团完整，坑的大小为盆栽土团的宽度加大约20cm，坑的深度为土团高度加10cm左右。先在挖好的坑里放入有机肥，覆土盖住肥料，再将植株完整放入，让茎的基部保持在土表水平面，将土填入缝隙，稍加压实后浇水，即完成移植。

161

不喜欢用盆器种菜，有可能在顶楼用覆土方式种菜吗？

A

栽种叶菜或辛香类植物，需要的土壤厚度至少为20cm，瓜果和根茎类需要的土壤更厚，为40cm，因此栽种前应先了解覆土的土层厚度，并同样做好防水措施。但如果是在花园一角种菜，因使用的介质及后续的施肥、浇水等管理，与种花草不尽相同，建议还是区隔出蔬菜区，以减少管理上的困扰。

162

花园中种的草皮愈长愈茂盛，甚至长到灌木底下，要如何处理？

A

草皮本来就需要定期修剪的，特别是夏季生长旺盛，每隔2~3周就该修剪一次，保持5~8cm的高度最为恰当。如果草皮不管理，除了让杂草有机可乘，强盛的生长力也会影响到其他植物的生长空间。因此在一开始铺植草皮时，在和其他植物接壤之处，需留下5cm的安全距离，或以分隔板、砖或石块隔离，避免草皮的走茎深入灌木底下。

163

花园完工了4~5年，为什么铺地的土壤好像愈来愈少？要怎么改善？

A

顶楼花园使用的介质中，多会混合泥炭土、木屑、椰纤等有机质。使用时间超过2年后，土里的有机质会逐渐分解而减少，就会有土壤愈来愈少的现象。因此建议花园完工后，应该定期维护保养，可以视情况斟酌补土。

资材运用

164

捡回家的漂流木或枯木，要先经过何种处理才能使用？

A

捡拾回来的木头必须先确定用途，然后才选择较合宜的处理方法。如果是作为摆饰或吊挂盆栽，只要将木头清洗干净，彻底晒干就能使用；如果要寄养植物在木头上，则要浸泡1~2天，“逼出”木头中的对植物生长有害的成分；要放在水池中的木头，如果是从海边捡回来的，要先煮过，释放出盐分，避免影响到水池中的生物。

165

放在室外的木材，需要经过防腐处理吗？

A

如果希望木材能保持木纹质感，又能放在室外，需先将木材洗净，并彻底晒干，之后填补木材表面的孔洞，涂上一层透明漆，避免虫菌蛀害，会接触到土壤之处可多涂几遍，最后涂上护木油，就是基本的防腐方法。费工一些的方法，则是将底漆与香蕉水以1：1的比例调制，均匀上漆多遍，待底漆干了再用砂纸砂磨，最后涂上面漆或有色漆，这也是比较传统的处理方法。

166

想营造木头或木板老旧复古的效果，可以自己做吗？

A

很多人喜欢旧木材质朴自然的质感，在无法取得旧木料的情况下，可利用火烤、喷砂、钢刷等加工方法，来加强木色和修饰木材形状，让木材呈现出旧样貌。特别是利用火烤，即利用液化器喷灯快速来回喷射木材表面，既能让木材有老旧感，又能借此除虫、杀菌。

167

想在棚架上种蔓藤类植物，到底是要先种植物还是先搭棚架？

A

这两者并无绝对的先后关系，反倒是选择适当的棚架才能帮助植物生长良好。因此，应该视选择的蔓藤植物类型，依照其习性来决定使用何种棚架。例如多年生的使君子，生长势强，利用嫩茎缠绕，因此棚架需坚固耐用；若种一年生的茑萝，其蔓藤纤细，只需小巧可爱的支撑架即可。

168

市面上的花架都没有我需要的大小，有什么简易的自制方式呢？

A

善用花架可以让花园更具丰富与立体感，尤其适用于小空间。它是打造花园的必备资材。如果无法购得尺寸合适的花架，可以购买空心砖、砖头和木材、石板，依照需求搭建简易又坚固的花架，也让个人创意得到充分发挥。

169

想自己在顶楼盖温室，采用什么材料比较好？

A

良好的温室，应该是湿度高、通风良好的环境，日照条件则需视栽种植物来调整。一般常采用玻璃或不锈钢等建材搭盖暖室，最好请专业人员施工。自己盖的话，可采用钢条或金属管为架构，再铺上透明塑料布、纱网等材料，固定后就成了简易温室。需注意的是，温室属于半密闭空间，最好装设排气扇和洒水器，保持内部环境通风凉爽。

170

有可能在顶楼花园设置水池吗？

A

大型的景观水池，因牵涉到管线、流水循环和过滤系统的安装，除工程较为复杂之外，还会有防水防漏的相关问题需处理，因此不建议自己设置水池。倒不如考虑市面上的小型流水器、水缸或各式材质的水池，或利用家中浴缸、桧木桶等废弃物，搭配水泵、水车等素材，自行发挥创意，打造别具风趣的水池。

171

楼顶风较大，可以使用哪些东西来帮助挡风？

A

东向和东北向的顶楼，风势较强，可以在女儿墙上增设防风网，或上资材店购买围篱并固定在受风面，但不宜高出女儿墙2米，避免产生风阻。特别是材质多元的围篱，除了用来防风，也能搭配花园整体设计，还可挂吊盆和装饰物，一举多得。

172

想在花园布置休息桌椅，选择什么材质比较好？

A

在花园布置适当的桌椅，能让人更愿意亲近花草，营造休闲惬意的气氛。在选择户外的休闲桌椅时，必须考虑要经得起日晒雨淋，因此宜选不锈钢、铸铁、石头、塑料等材质，若是木头或竹器材质，则要挑选经过防腐处理的。此外，因顶楼日照强烈，选购休闲桌椅时，别忘了要配遮阳伞。

173

顶楼花园面积较大，安装自动喷水系统，会有漏水的问题吗？

A

为了让整个花园都能喷洒到，自动喷水系统的喷头的喷水量、喷水范围、数量都必须经过计算，这样出现重复喷洒或喷洒不到的区域就不会太多，也不会出现喷水量过多的情况。如果花园位于多雨地区，不适合设定定时喷水系统，可以加装温湿度感应器，让自动喷水系统在最适当的时机喷水。

174

户外照明灯太亮，有无改善方法？

A

庭园灯可依照灯具摆放位置，区分为地灯、壁灯、阶梯灯、墙头灯、草坪灯、户外投射灯等。灯泡颜色主要有白色、黄色，以及可变色的。灯泡瓦数要适当，或采用投射灯、水底灯，就能让灯光自然柔和。

地板铺面

175

适合顶楼花园的地板铺面有哪些？要怎么选择？

A

走一趟资材行，会发现有木板、石板、砖头、陶砖、小石子等地面铺材，样式多元齐备。如果还无法满足需求，可上白网选购。顶楼花园若使用大面积的石板、砖头或陶砖等铺材，可加部分小石子来点缀，但铺面两侧需封闭才能挡住小石子外流。石子以平铺即可，不必砂浆固定，但木板则需用角铁固定，才能避免滑动。

176

花园中种有草皮，也铺有石板步道，为什么步道附近的草皮老长不好？

A

正常的石板间距需5~10cm，按照此间距先铺完石板，才能将草皮剪出所需的尺寸填补空隙。所以，如果石板留有安全距离，且直接平放在整平过的土壤上，不应有草皮枯黄的现象。如果是先用水泥打底再贴石板，即使留出间距，仍会因水泥不透水，使草皮排水不良而死亡。

177

想在花园里铺木平台，底下需要铺设东西吗?

A

花园中的木平台，是许多人对花园的美好想象。要在顶楼实践时，除了必须挑选经过防腐处理的木板、木条，每间隔60厘米还需要先固定角铁，以支撑木平台。要注意的是，安装木平台时，木板与木板之间应保留0.5cm的距离，供木头热胀冷缩用。

178

夏天顶楼的地板温度高，怕影响植物生长，铺隔热砖有效吗?

A

隔热砖是为了阻绝顶楼地面直接吸收阳光热能，用来降低建筑物的温度而铺设的，的确可以降低顶楼地面的温度。市面上的隔热砖材质有多种，可按要求进行铺设。

179

常在卖场看到的木地板，适合铺在花园吗?

A

卖场里卖的木地板，基本上只适合应用在室内或阳台空间，直接铺在顶楼花园易损坏，因此不建议在露天花园中和其他植物一起使用。但如果只用在衔接室内和户外的平台，且有遮蔽物，不会直接淋到雨，仅作为休闲用，使用木地板倒也可以。偶尔布置几盆盆栽加上水盘，就需考虑防腐的问题。如果选用塑料木地板，就没有这类问题。

180

日式花园中常有风味独特的景石，要去哪里找呢?

A

日式花园中的庭园石类别众多，如碎石、卵石、飞石、景石等，依照不同风格都有其表现的意境，在花园中不但有画龙点睛的效果，也具有引导、装饰及休憩功能。通常景石的价位会因材质、表面纹路和大小、进口与否而异，建议可至专业石材行询问，若能找到上游的石材厂商则可省不少钱。

181

从工厂回收的木栈板，适合拿来作顶楼花园的铺面吗?

A

工厂常使用的木栈板，虽然看起来坚固耐用，但多为杂木或杉木边材，即使做了防水防腐处理，放到户外还是很容易遭到白蚁侵蚀。如果真的要使用，可用空心砖作为基座，尽量避免木栈板直接与地面接触，可以延长使用时间。

182

顶楼的水泥地板铺有鹅卵石，使用久了会有一些泥土淤积，要怎么改善?

A

完全露天的顶楼花园，自然会积尘土。鹅卵石铺面如果单纯作为造景用，并无定期清洁维护，泥土就会逐渐积在卵石缝之间。若希望卵石还是以景观为主，就必须定期稍加冲洗，或者运用少量培养土，栽种一些需土性少的地被植物，如松叶锦天、松叶牡丹或球兰等，也是一种就地利用的处理手法。

183

花园不方正，要怎么铺木板平台呢？

A

顶楼多有公共设备或空调器室外机等设备，容易造成花园规划的困扰，其实只要善用铺材，也能布置出具整体感的风格花园。如果花园整体还算方正，只要在设备或管线之处，以石、砖围砌，或以碎石子、草皮等铺材修边即可。若整体不规则，可事先在规划草图中将花园分成2~4块，让部分区块能够完整铺木平台，边角不规则处则可露地栽种植物，营造出花园自然层次。

184

花园空间很小，不想只种植物，适合用什么铺面呢？

A

想让有限的空间成为变化丰富的花园，善用材料是有效的方法之一。植物之间保留适当的通风空间，剩余的地面可铺浅色木地板或不规则状的石板，选用浅色、中型的材料有助放大空间感。接着以石块或碎石点缀植物区，利用亮色系、小型集成式铺材，营造出不同的层次和风格，让小花园看起来丝毫不逊色。

排水防漏设施

185

想在顶楼花园直接覆土种花，要先考虑哪些问题？

A

首先要先确定顶楼地板是否有漏水之处。若屋龄超过20年，防水问题要更小心。接着检查排水孔的泄水是否正常，避免砖砌花台阻挡排水。综合检查以上细节，就必须施作防水层。

186

防水层施工时，为何要由专业公司进行？

A

一般会以防水帆布、塑料排水板、无纺布等材质为排水层铺材，但因施作细节较琐碎，最好请专业公司来进行评估与施工，避免施作不完全所造成的损害。

187

常听说顶楼花园要做泄水坡，这是和排水有关的工程吗？

A

一般只要是需要排水的空间，包含浴室、顶楼、阳台或露台，地面都要有一定的倾斜度（坡度），让水得以往低处的排水孔排出，这样的坡度就称为泄水坡，是排水系统的一部分。

顶楼靠近女儿墙处，多设有排水孔，通常会视其位置将坡度平均分配，为求尽快排水，一般泄水坡的坡度为1%~2%。

188

覆土栽种的排水孔，要怎么安排？要埋在土里吗？

A

在覆土栽种的设计中，排水管视花园面积大小与场地而有不同的做法。小面积、底部有楼板的花园，可在楼板上方先铺设排水板与无纺布，再利用覆土面作泄水坡度，将水引至排水孔排出。排水孔四周需砌砖挡土并留孔，让水方便流入。

189

覆土栽种时，有的为何要设阴井？

A

如果是自然覆土层，就必须依排水方向设置阴井，并埋排水管道至公共排水沟或阴井，通常阴井加盖，防止异物阻塞排水。如果土壤排水性不佳，必须在土里埋设排水软管至泄水阴井，避免来不及排水造成淹水。

190

顶楼防水涂料有哪些？怎么分类？

A

防水涂料依照制成材质，区分为水性防水和油性防水涂料。例如常见的PU，延展性佳、可长期泡水，属于油性防水涂料，但高价位，施工时对表面干燥程度要求较高。

另一种常见的弹性水泥、压克力和树脂，则属于水性防水涂料，价位较低且施工方便，但无法长期积水，使用年限也较短。还有一种乳化沥青防水涂料，也分为水性和油性，主要作防水和修补墙面用。

191

常看见别人的排水孔上摆放了小石头，功能是什么？

A

顶楼花园最担心排水孔阻塞，影响排水，导致淹水。不管是露地栽种或使用盆栽的花园，常发生排水孔被泥沙淤积、落叶遮挡或碎石堵住等种种状况。因此，多半会在排水孔上方放置比排水孔大的石头将大的杂物挡住，让水从石头细缝中流入排水孔。

192

顶楼花园地板只要用防水漆涂过，就具有防水效果吗？

A

必须视顶楼原来的防水层而定，如已经有剥离、起泡或翘起的现象，就要先去除旧的防水层。接着将地面彻底清理干净，并检查地面是否有裂缝、凹凸不平的情形，如有的话要先用水泥乳胶进行修补，等完全干了之后，即可均匀涂上防水涂料，至少要涂3层，每层厚度不超过0.5mm，且每次都要等到上一层完全干后才能施工。

防水施工牵涉的细节很多，较为专业，最好还是请专业人士进行施工，以保证质量，避免日后又漏水而返工。

193

为何防水处理会经常失败?

A

做好涂防水漆的前道工序是防水的关键。首先必须彻底清理顶楼地面，并以清水冲掉灰尘与粉土，让地面几乎没有杂物且平整。上漆之前务必确认地面已经干燥，讲究的可用液化器喷灯烘烤地面，然后才涂防水漆。

如果底层还残留水汽就上漆，经过日照后产生的蒸气被包覆在防水漆漆层中，漆层就会起水泡，甚至剥离。防水漆漆层厚度务必达到0.3mm，如果厚度不足，雨积留在里面，经过日照后同样会有起泡的问题。

194

花园的墙面也需要做防水处理吗?

A

除了地板之外，雨水或浇水过程中难免会溅到墙面，因此墙面也应包含在顶楼花园的防水区域中。墙面防水方法同地面一样，但是在转角处要特别仔细施工，由地面往上至少10cm内要錾深1cm，将涂料刷上并以水泥砂浆填补，才能避免水由转角流入地板。

195

想在阳台地面布置一个大型生态池，要怎么做好防水措施?

A

想在阳台设置一个生态池，最好请专业的景观公司设计施工。景观公司一般会先在地表铺上排水板，再放入符合阳台大小的不锈钢水槽，并在水槽与壁面之间添加防腐材料，与美化功能的木材，这样在水槽里布置出一方生态池，就不怕漏水了。

196

防水涂料包装物上常会标示渗透型或覆盖型防水，差别在哪里?

A

不同的防水涂料均有其特性。渗透型防水涂料借助密实的渗透方式，涂满表层，使用时只要均匀刷涂，就具有防水功能。覆盖型防水涂料必须多次刷涂，达到一定的厚度，让铺面完全没有透气性才能发挥防水功效，例如PU（聚氨酯）、弹性水泥、压克力、树脂等，均属于此类。

197

处理完防水层以后，需要再覆盖其他的铺面吗?

A

基本上，防水涂料均属于弹性材料，具有延展性但非常怕硬物破坏和阳光久晒。涂刷PU、弹性水泥或压克力涂料，价格低且施工方便迅速，但如果没有再上一层保护层，防水涂料容易因光照、雨淋等而快速老化。

因此，最好在防水层完成后，再以2~10cm厚的水泥覆盖，最后才铺上隔热砖或地砖。这才是较严格的防水处理。

198

防水层施工验收要注意哪些事项?

A

防水层施工往往有多道工序，如清理地面、干燥地面、涂防水涂料（不少于3层）、覆水泥层、铺地砖等。每道工序结束后，都要进行检查、验收，合格后再进行下一道工序，这样才能确保防水层质量，完工后使用中才不会出现漏水或积水现象。